国家级职业教育规划教材
对接世界技能大赛技术标准创新系列教材
技工院校一体化课程教学改革建筑施工专业教材

苏建斌　主编

砖砌体砌筑

人力资源社会保障部教材办公室　组织编写

中国劳动社会保障出版社

worldskills China

图书在版编目（CIP）数据

砖砌体砌筑 / 苏建斌主编 . -- 北京：中国劳动社会保障出版社，2022

对接世界技能大赛技术标准创新系列教材　技工院校一体化课程教学改革建筑施工专业教材

ISBN 978-7-5167-5303-3

Ⅰ. ①砖…　Ⅱ. ①苏…　Ⅲ. ①砌筑 – 技工学校 – 教材　Ⅳ. ①TU754.1

中国版本图书馆 CIP 数据核字（2022）第 140042 号

中国劳动社会保障出版社出版发行

（北京市惠新东街 1 号　邮政编码：100029）

*

北京市艺辉印刷有限公司印刷装订　　新华书店经销

787 毫米 ×1092 毫米　16 开本　10.75 印张　173 千字

2022 年 9 月第 1 版　　2024 年12月第 3 次印刷

定价：24.00 元

营销中心电话：400-606-6496

出版社网址：http://www.class.com.cn

http://jg.class.com.cn

对接世界技能大赛技术标准创新系列教材

编审委员会

主　任：刘　康

副主任：张　斌　王晓君　刘新昌　冯　政

委　员：王　飞　翟　涛　杨　奕　张　伟　赵庆鹏
　　　　姜华平　杜庚星　王鸿飞

建筑施工专业课程改革工作小组

课 改 校：浙江建设技师学院
　　　　　厦门技师学院
　　　　　镇江技师学院
　　　　　江苏省徐州技师学院
　　　　　德州市技师学院
　　　　　山东省城市服务技师学院
　　　　　广东省城市建设技师学院
　　　　　重庆建筑高级技工学校

技术指导：雷定鸣

编　　辑：谢　亮

本书编审人员

主　编：苏建斌

参　编：邵乌葵　郭　宁　林育林　张海霞　徐世彪

序

世界技能大赛由世界技能组织每两年举办一届，是迄今全球地位最高、规模最大、影响力最广的职业技能竞赛，被誉为“世界技能奥林匹克”。我国于2010年加入世界技能组织，先后参加了五届世界技能大赛，累计取得36金、29银、20铜和58个优胜奖的优异成绩。第46届世界技能大赛将在我国上海举办。2019年9月，习近平总书记对我国选手在第45届世界技能大赛上取得佳绩作出重要指示，并强调，劳动者素质对一个国家、一个民族发展至关重要。技术工人队伍是支撑中国制造、中国创造的重要基础，对推动经济高质量发展具有重要作用。要健全技能人才培养、使用、评价、激励制度，大力发展技工教育，大规模开展职业技能培训，加快培养大批高素质劳动者和技术技能人才。要在全社会弘扬精益求精的工匠精神，激励广大青年走技能成才、技能报国之路。

为充分借鉴世界技能大赛先进理念、技术标准和评价体系，突出“高、精、尖、缺”导向，促进技工教育与世界先进标准接轨，完善我国技能人才培养模式，全面提升技能人才培养质量，人力资源社会保障部于2019年4月启动了世界技能大赛成果转化工作。根据成果转化工作方案，成立了由世界技能大赛中国集训基地、一体化课改学校，以及竞赛项目中国技术指导专家、企业专家、出版集团资深编辑组成的对接世界技能大赛技术标准深化专业课程改革工作小组，按照创新开发新专业、升级改造传统专业、深化一体化专业课程改革三种对接转化原则，以专

业培养目标对接职业描述、专业课程对接世界技能标准、课程考核与评价对接评分方案等多种操作模式和路径，同时融入健康与安全、绿色与环保及可持续发展理念，开发与世界技能大赛项目对接的专业人才培养方案、教材及配套教学资源。首批对接 19 个世界技能大赛项目共 12 个专业的成果将于 2020—2021 年陆续出版，主要用于技工院校日常专业教学工作中，充分发挥世界技能大赛成果转化对技工院校技能人才的引领示范作用。在总结经验及调研的基础上选择新的对接项目，陆续启动第二批等世界技能大赛成果转化工作。

希望全国技工院校将对接世界技能大赛技术标准创新系列教材，作为深化专业课程建设、创新人才培养模式、提高人才培养质量的重要抓手，进一步推动教学改革，坚持高端引领，促进内涵发展，提升办学质量，为加快培养高水平的技能人才作出新的更大贡献！

2020 年 11 月

简介

本书紧紧围绕职业院校对建筑施工专业人才的培养目标，紧扣企业工作实际，介绍了砖砌体砌筑的有关知识。本书以国家职业标准和有关国家标准为依据，以企业需求为导向，充分借鉴世界技能大赛的先进理念、技术标准和评价体系，促进建筑施工专业教学与世界先进标准接轨。本书采用一体化教学模式编写，穿插介绍了世界技能大赛的有关知识，并附有部分拓展性内容，便于开展教学。

目 录

学习任务四　艺术墙砌筑

学习任务一
砖基础砌筑

学习目标

1. 能根据工作情境描述明确任务要求，填写砖基础砌筑任务单。
2. 能识读建筑工程施工图。
3. 能勘查在建砖基础施工现场，获取相关施工资料。
4. 能正确选择砌筑材料。
5. 能分析砖基础构造，口述组砌工艺要点、质量控制要点。
6. 能与小组成员进行有效沟通，共同制定砖基础砌筑方案。
7. 能根据项目经理意见，对砖基础砌筑方案进行修订，制作施工现场工作看板。
8. 能根据砌筑方案进行砖基础砌筑。
9. 能对照世赛标准，检查质量检查记录与图纸原始数据之间的误差，分析原因并形成记录，提出整改措施。
10. 能正确填写砖基础砌筑验收报告，并完成交付验收工作。
11. 能正确核算成本，在保证施工质量的前提下采取合理的采购方式。
12. 能按施工现场“7S”管理标准清理施工垃圾并整理现场。

建议学时

30 学时。

工作流程与活动

1. 获取砖基础砌筑信息（2 学时）
2. 制定砖基础砌筑方案（2 学时）
3. 审定砖基础砌筑方案（2 学时）
4. 实施砖基础砌筑方案（16 学时）
5. 砖基础砌筑过程控制（4 学时）
6. 砖基础砌筑工作总结评价（4 学时）

工作情境描述

某样板房项目将进行基础施工，现需要根据样板房独立基础图砌筑砖基础。

项目经理要求施工人员完成如下工作：

1. 从工程项目部领取施工图和任务单，阅读任务单，查看施工现场，了解施工地面条件，明确任务要求。

2. 查阅砌筑工艺文件，根据施工图确定组砌方式及精度要求，制定砖基础砌筑方案。

3. 领取所需砌筑材料、工具、量具、切割机或其他设备，在规定的工期内进行下料、放样、切割、拌制砂浆、排砖、撂底、收退、砖基础组砌，并对砌体进行自检和互检，砌筑精度不符合标准的须修正。

4. 实施勾缝等作业，完成砖基础砌筑后形成记录，向工程项目部反馈。

5. 将所有技术文档上交项目经理。

学习活动 1 获取砖基础砌筑信息

学习目标

1. 能根据工作情境描述明确任务要求，填写砖基础砌筑任务单。

2. 能识读建筑工程施工图。

3. 能识别砖基础的构造，并分析各部分的作用。

4. 能识别砖基础组砌方式，根据砖基础大放脚的组砌方式描述其工程量的计算方法。

5. 能根据施工现场“7S”管理标准描述砖基础砌筑现场管理工作内容。

建议学时

2 学时。

学习过程

一、填写任务单

1. 独立阅读工作情境描述，用荧光笔画出关键词，将关键词记录在下面，并将其中需要进一步了解的词用星号标注出来。

____

____

____

____

2. 查阅相关资料，根据实际情况填写表 1-1-1。

表 1-1-1　　砖基础砌筑任务单

任务名称				接单日期	
工作地点				任务周期	
工作内容					
工具、材料					
施工项目					
项目负责人姓名		联系电话		验收日期	
团队名称		团队负责人姓名		联系电话	
备注					

3. 查阅相关资料，将图 1-1-1 中属于“建筑施工图”和“结构施工图”的施工图名称填写在相应的空白处，并在表 1-1-2 中描述建筑工程施工图的识读方法或步骤。

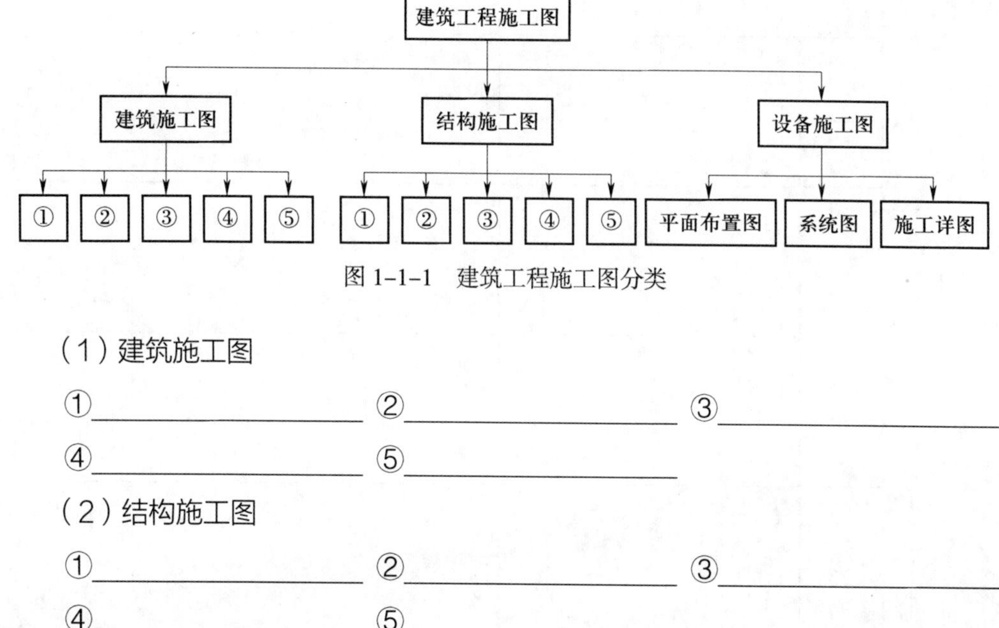

图 1-1-1　建筑工程施工图分类

(1) 建筑施工图

①________ ②________ ③________

④________ ⑤________

(2) 结构施工图

①________ ②________ ③________

④________ ⑤________

表 1-1-2　　建筑工程施工图描述表

分类	施工图名称		识读方法或步骤
建筑施工图	①		
	②		
	③		
	④		
	⑤		
结构施工图	①		
	②		
	③		
	④		
	⑤		

二、认知砖基础砌筑

1. 作为一名建筑施工专业的学生，你在日常生活中见过哪些类型的砖基础？表 1-1-3 列出了三种常见的砖基础，请在教师的带领下，走进砖基础施工现场，通过实地考察，从多个角度感受它们的不同。同时，查阅砖基础砌筑相关资料，在表 1-1-3 中描述这三种砖基础的主要特点及应用范围。

表 1-1-3　　三种常见砖基础的主要特点及应用范围

类型	图示	主要特点	应用范围
阶形基础	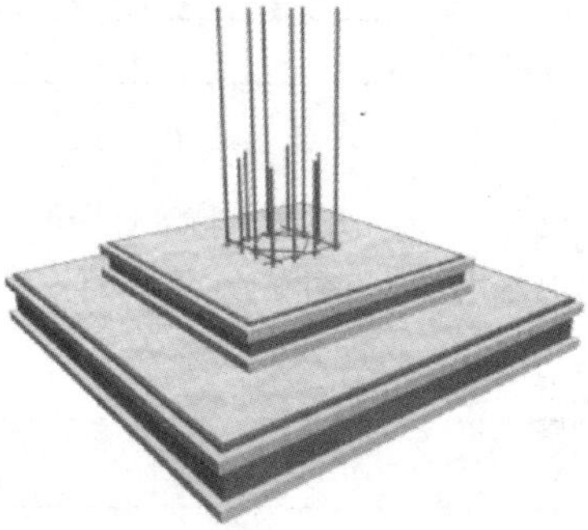		
坡形基础	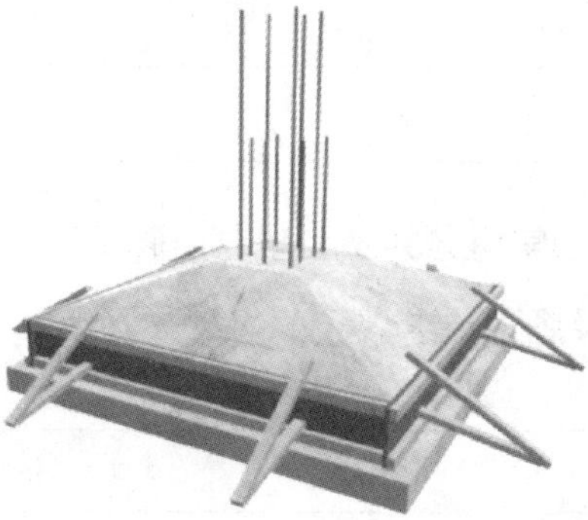		
杯形基础			

2. 查阅相关资料，结合图 1-1-2 说出砖基础的构造及各部分的作用，填写表 1-1-4 并回答问题。

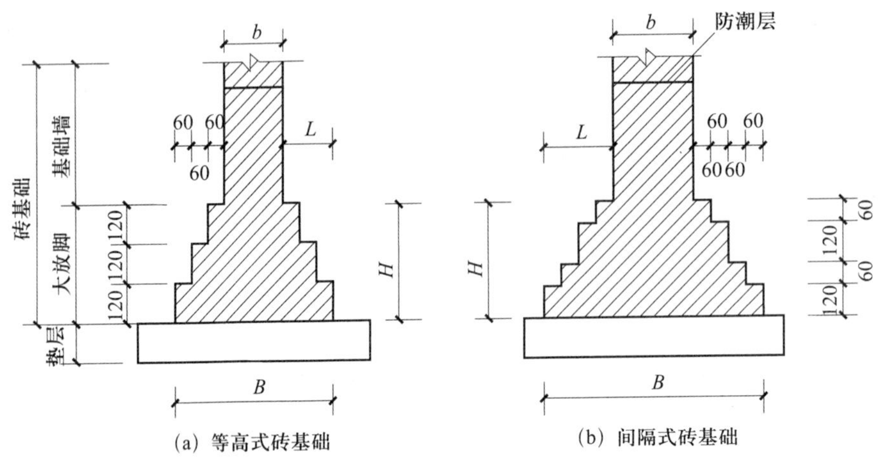

图 1-1-2　砖基础构造示意图 *

表 1-1-4　**砖基础的构造及作用**

名称	作用
垫层	
基础大放脚	
基础防潮层	

（1）根据使用的材料不同，垫层通常可分为灰土垫层、碎砖三合土垫层、混凝土垫层三种，分析、归纳它们的用料及施工要求。

____

____

____

____

（2）砖基础的大放脚分为等高式和间隔式两种形式，试分析它们的不同点。

____

____

____

____

* 根据建筑工程行业惯例，本书建筑施工图中的标高单位默认为 m，其他单位默认为 mm。

（3）根据砖基础大放脚的组砌方式，说明其工程量的计算方法。

____

____

____

____

（4）图 1-1-3 所示为基础防潮层的三种施工方式，请在图下画横线处标出“正确”或“错误”，并说明理由。

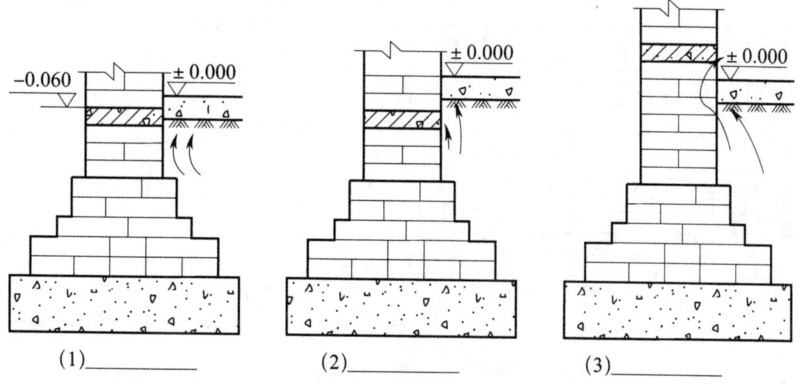

图 1-1-3　基础防潮层的三种施工方式

理由：

____

____

____

____

3. 用烧结普通砖砌筑的砖基础砌体，依其组砌方式不同可分为表 1-1-5 所示的几种。查阅相关资料，归纳、填写每一种组砌方式的施工要领。

表 1-1-5　　几种组砌方式的施工要领

组砌方式及示意图	施工要领
上下皮一顺一丁砌法	

续表

组砌方式及示意图	施工要领
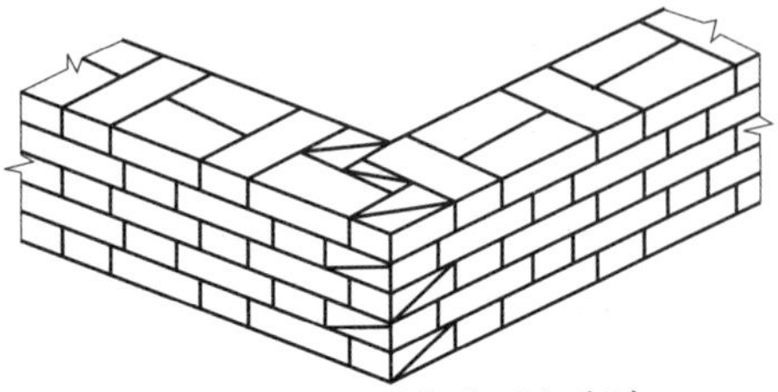 每皮一顺一丁（梅花丁）砌法	
 三顺一丁砌法	
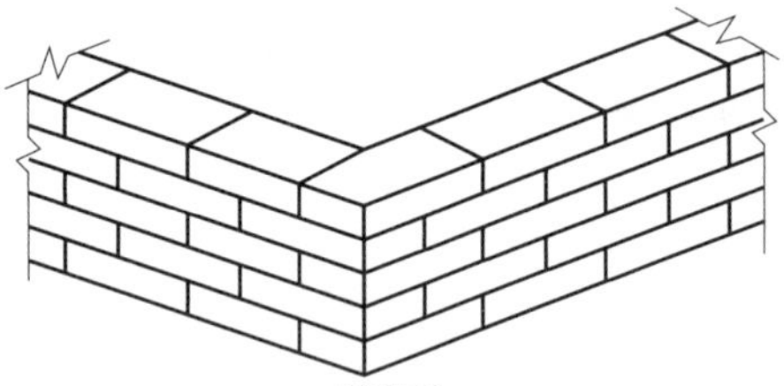 顺砌法	
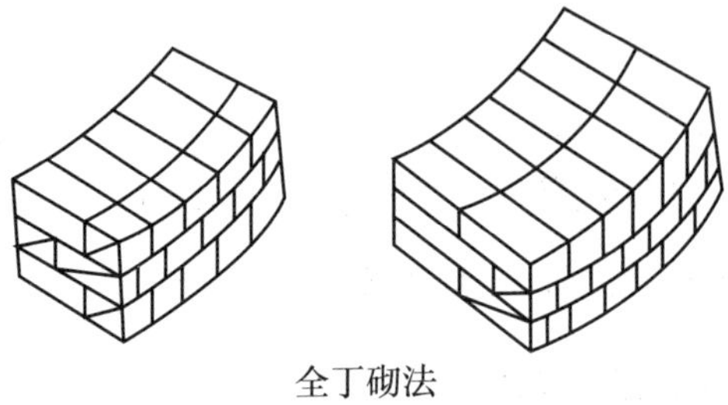 全丁砌法	
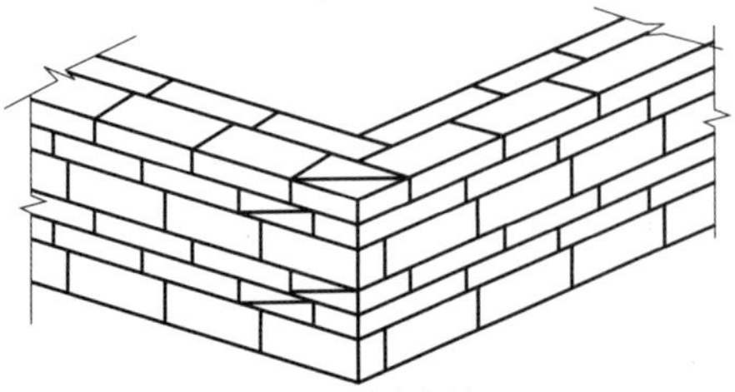 二平一侧砌法	

4. 查阅砖砌体的砌筑方法，写出“三一”砌筑法与“二三八一”砌筑法的区别。

5. 分析采用“二三八一”砌筑法的条件。

三、实施施工现场“7S”管理

1.“7S”管理是现代企业行之有效的现场管理理念和方法，它包括整理（seiri）、整顿（seiton）、清扫（seiso）、清洁（seiketsu）、素养（shitsuke）、安全（security）和节约（saving）7 项内容。“7S”管理的含义和目的见表 1-1-6。

表 1-1-6　“7S”管理的含义和目的

内容	含义	目的
整理	将工作场所的所有物品区分为有必要的物品和没有必要的物品，将有必要的物品留下来，其他的都清除	腾出空间，空间活用，防止误用，打造清爽的工作场所
整顿	把留下来的必要物品依规定位置摆放，并放置整齐，加以标识	工作场所一目了然，消除寻找物品的操作，营造整整齐齐的工作环境，去除过多的积压物品
清扫	将工作场所内看得见与看不见的地方清扫干净，保持干净、整洁的环境	减少污染和伤害事故
清洁	将整理、整顿、清扫进行到底并制度化，保持环境美观	维持以上“3S”的成果
素养	每一位员工养成良好的习惯并遵守规则，培养积极主动的精神（也称习惯性）	培养具有良好习惯、遵守规则的员工，打造团队精神
安全	重视安全教育，每时每刻都有安全第一的观念，防患于未然	营造安全生产的环境，所有工作应建立在安全的前提下
节约	合理利用时间、空间、能源等，使其发挥最大效能	创造一个高效率的、物尽其用的工作场所

“7S”管理能提高工作效率，保证产品质量，使工作环境整洁有序，保证安全。查阅相关资料，说明砖基础砌筑现场“7S”管理的标准，并填写在表 1-1-7 中。

表 1-1-7 砖基础砌筑现场“7S”管理标准

“7S”管理	标准
整理	
整顿	
清扫	
清洁	
素养	
安全	
节约	

2. 根据所学的“7S”管理知识，以小组为单位，设计制作一个砖基础砌筑流程看板。

评价与分析

根据每个小组成员在本次学习活动中的表现填写学习活动评价表（见本书末附表）。

学习活动 2
制定砖基础砌筑方案

学习目标

1. 能掌握砖、砌块、石材的种类和特性，并填写常用砌筑材料一览表。
2. 能掌握砂浆的种类和特性，并填写常用砂浆类材料一览表。
3. 能正确选取常用砌筑工具、量具。
4. 能利用学习资料，与小组成员合作，制作砖基础砌筑技术交底记录表。
5. 能合理分工，制定并展示砖基础砌筑方案。

建议学时

2 学时。

学习过程

一、识别砌筑材料

砌筑材料通常指用来砌筑、拼装或用其他方法构成承重或非承重墙体或构筑物的材料。砌筑材料通常包括砖、砌块、石材、砂浆等，图 1-2-1 所示为常见的砌筑用砖、砌块、石材、砂浆等材料。

图 1-2-1　常见砌筑用砖、砌块、石材、砂浆等材料

1. 查阅相关资料，开展小组讨论，在表1-2-1中填写常见砖、砌块的分类、等级、规格、产品标识。

表1-2-1 常见砖、砌块综合情况一览表

类别	名称	分类	等级	规格	产品标识
砖	烧结普通砖				
	烧结多孔砖				
	蒸压灰砂砖				
	粉煤灰砖				
	炉渣砖				
	耐火砖				
砌块	粉煤灰砌块				
	混凝土小型空心砌块				
	蒸压加气混凝土砌块				

续表

类别	名称	分类	等级	规格	产品标识
砌块	轻集料混凝土小型砌块				
	石膏砌块				
	装饰混凝土砌块				

2. 砌筑用石材质地坚固，可以加工成各种形状，既可作为承重构件，也可作为装饰材料。石材分毛石与料石两类，请从规格、强度等级方面分析、描述二者的不同之处。

3. 砂浆是建筑施工中重要的砌筑材料，查阅砌筑用材料的相关资料，开展小组讨论，分析砌筑用砂浆的组成及质量要求。

（1）砂浆组成

（2）质量要求

二、识别砌筑工具、量具

砌筑工具、量具分为手工工具、测量工具和机械设备。查阅相关资料，在表 1-2-2 中填写常见砌筑工具、量具的名称和作用。

表 1-2-2　　常见砌筑工具、量具

图示	名称	作用
手工工具		
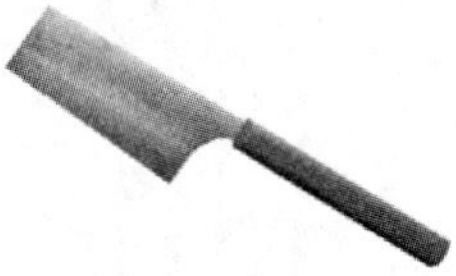		
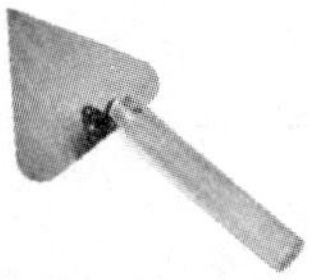		

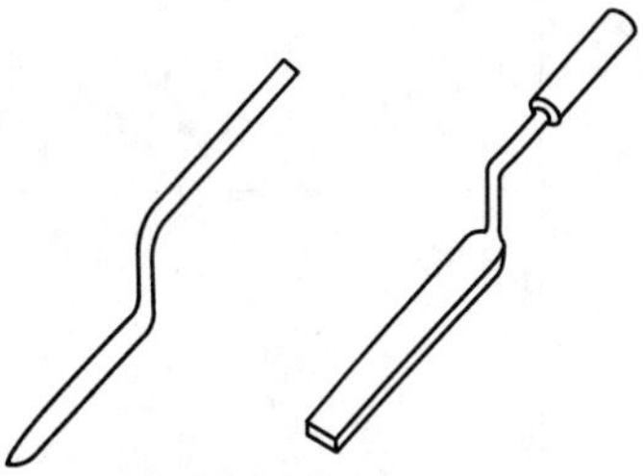		

续表

图示	名称	作用

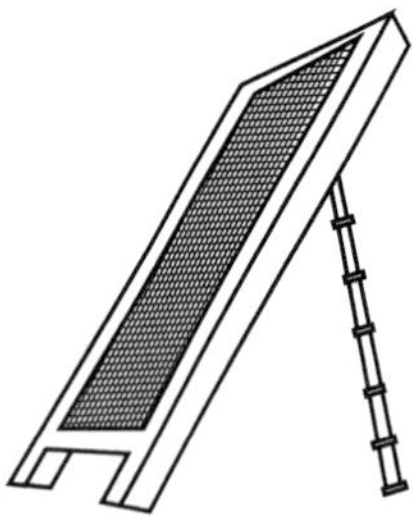		

续表

图示	名称	作用

续表

图示	名称	作用
测量工具		

续表

图示	名称	作用
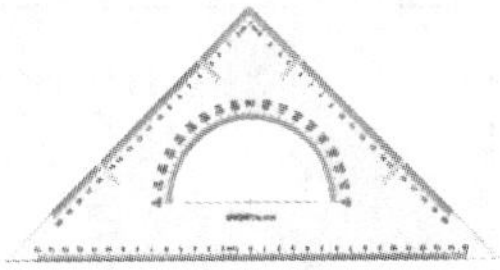		

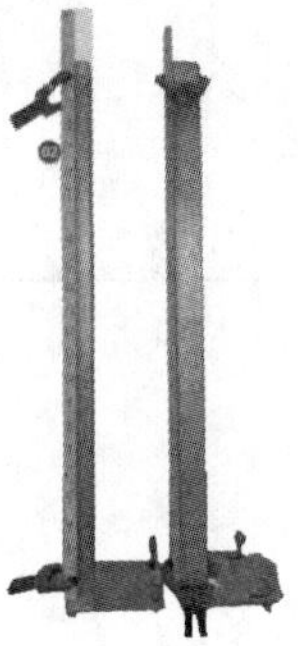		

续表

图示	名称	作用
机械设备		

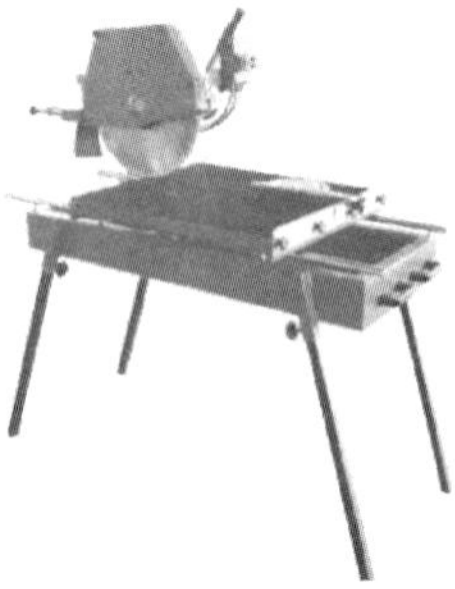		

三、制定任务分工表

1. 讨论工作流程与技术要点

查阅相关资料，采用头脑风暴法开展小组讨论，列出砖基础砌筑的主要工作流程、组砌原则、技术要点等。

____

____

____

____

____

2. 填写任务分工表

根据施工流程开展小组讨论，确定人员分工，并填写任务分工表（见表 1-2-3）。

表 1-2-3　　任务分工表

序号	姓名	任务	技术要点	完成时间	验收人

四、计算工程量

查阅资料，以小组为单位识读图纸，计算工程量，填写表 1-2-4。

表 1-2-4　　砖基础砌筑工程量计算表

截面尺寸	
砌体高度	
皮数	
工程量	

五、制作砖基础砌筑技术交底记录表

查阅相关资料，根据《砌体结构工程施工规范》（GB 50924—2014）要求，与小组成员合作，制作砖基础砌筑技术交底记录表（见表 1-2-5），交底内容包括材料要求、主要工具及量具、作业条件、操作工艺等。

表 1-2-5　　技术交底记录表

编号：

工程名称		交底日期	
施工单位		分项工程名称	
交底摘要			

交底内容：

审核人		交底人		接受交底人	

六、制定砖基础砌筑方案

1. 明确砖基础砌筑的基本步骤，如图 1-2-2 所示。

2. 根据上述步骤，分小组讨论砖基础砌筑需要准备哪些材料和工具。将新接触的材料和工具列举出来，并简要说明它们的用途。

____

____

____

____

____

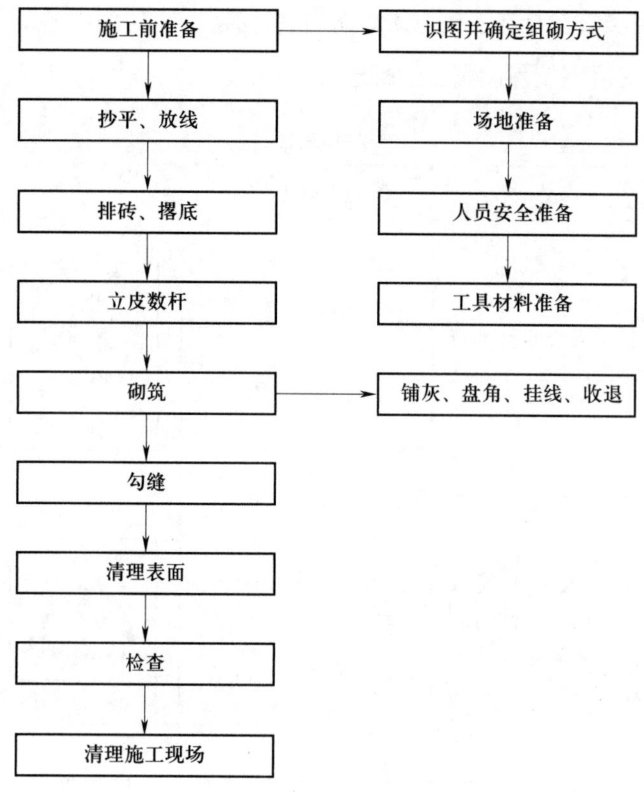

图 1-2-2　砖基础砌筑的基本步骤

3. 在以上讨论中，对于需要使用的材料和工具，除要考虑选择合适类型外，还要考虑其规格、等级应符合施工的需要和相关标准的要求。例如，烧结普通砖常用配砖的规格为 175 mm × 115 mm × 53 mm，强度分为 MU30、MU25、MU20、MU15、MU10 五个等级。根据本任务的情况，应该如何确定砖的规格、等级？

____

____

____

____

____

4. 在施工中应特别注意根据现场实际情况设置必要的安全设施，一般包括安全隔离防护设施和安全标志等。

安全标志一般悬挂在施工现场，作用是提醒人们对不安全因素加以注意和重视，防止意外事故发生。安全标志通常通过不同颜色区分其含义，查阅相关资料，说明

表 1-2-6 中的各类安全标志在颜色和外形上有何特征，如何区分。开展小组讨论，分析本任务中应在哪些位置设置安全标志。

表 1-2-6　　安全标志

类型	含义	颜色和外形特征	图例
禁止标志	禁止采取的某些行为		禁止合闸　禁止跨越
警告标志	警告人们可能发生的危险，如注意安全、当心触电、当心落物		注意安全　当心伤手
指令标志	必须遵守的命令，如必须戴安全帽、必须穿防护鞋		必须戴安全帽　必须系安全带
提示标志	示意目标的方向		紧急出口　避险处
辅助标志	对以上四种标志的补充说明		禁止合闸 线路有人工作

5. 根据本组成员的不同特点进行合理分工，通过讨论，制定本小组砖基础砌筑方案，将最佳方案填入表1-2-7中。

表1-2-7　　砖基础砌筑方案

任务名称		工作起止日期		制定方案日期	
序号	施工步骤	工作内容	所需资料、材料及工具	负责人	参与人员
1	施工前准备				
2	抄平、放线				
3	排砖、撂底				
4	立皮数杆				
5	砌筑				
6	勾缝				
7	清理表面				
8	检查				

教师审核意见：

教师（签名）：　　　　　　　　　　　　决策人（签名）：

年　月　日　　　　　　　　　　　　年　月　日

6. 绘制场地平面布置图（补充绘制场地布置草图）。

场地平面布置图

7．根据本任务要求，采用横道图方式编制施工进度计划表。

评价与分析

根据每个小组成员在本次学习活动中的表现填写学习活动评价表（见本书末附表）。

学习活动 3
审定砖基础砌筑方案

学习目标

1. 能以小组为单位讨论已制定的砌筑方案并作出决策。
2. 能根据审核意见优化砖基础砌筑方案。

建议学时

2 学时。

学习过程

一、第一次审定

教师对每个砖基础砌筑方案进行第一次审定，并将修改意见填写在方案中。组长组织组员认真阅读，按照教师的意见修改方案，填入表 1-3-1 中。

表 1-3-1　　砖基础砌筑方案（一审）

任务名称		工作起止日期		制定方案日期	
序号	施工步骤	工作内容	所需资料、材料及工具	负责人	参与人员
1	施工前准备				
2	抄平、放线				
3	排砖、撂底				
4	立皮数杆				

续表

序号	施工步骤	工作内容	所需资料、材料及工具	负责人	参与人员
5	砌筑				
6	勾缝				
7	清理表面				
8	检查				

教师审核意见：

教师（签名）：　　　　　　　　　　决策人（签名）：

年　月　日　　　　　　　　　　年　月　日

二、第二次审定

教师再次对各小组提交的修改方案进行审定。若修改方案可行，即确定为可实施方案。若仍然存在问题，则教师将修改意见填写在方案中。组长组织组员认真阅读，按照教师的第二次审核意见进行修改，填入表 1-3-2 中。

表 1-3-2　　　　砖基础砌筑方案（二审）

任务名称		工作起止日期		制定方案日期	
序号	施工步骤	工作内容	所需资料、材料及工具	负责人	参与人员
1	施工前准备				
2	抄平、放线				
3	排砖、撂底				
4	立皮数杆				
5	砌筑				
6	勾缝				
7	清理表面				
8	检查				

教师审核意见：

教师（签名）：　　　　　　　　　　决策人（签名）：

年　月　日　　　　　　　　　　年　月　日

三、第三次审定

教师对各小组提交的第二次修改方案进行审定，确定为可实施方案，填入表1-3-3中。

表1-3-3　　砖基础砌筑方案（定稿）

<table>
<tr><td>任务名称</td><td colspan="2"></td><td>工作起止日期</td><td>制定方案日期</td><td></td></tr>
<tr><th>序号</th><th>施工步骤</th><th>工作内容</th><th>所需资料、材料及工具</th><th>负责人</th><th>参与人员</th></tr>
<tr><td>1</td><td>施工前准备</td><td></td><td></td><td></td><td></td></tr>
<tr><td>2</td><td>抄平、放线</td><td></td><td></td><td></td><td></td></tr>
<tr><td>3</td><td>排砖、撂底</td><td></td><td></td><td></td><td></td></tr>
<tr><td>4</td><td>立皮数杆</td><td></td><td></td><td></td><td></td></tr>
<tr><td>5</td><td>砌筑</td><td></td><td></td><td></td><td></td></tr>
<tr><td>6</td><td>勾缝</td><td></td><td></td><td></td><td></td></tr>
<tr><td>7</td><td>清理表面</td><td></td><td></td><td></td><td></td></tr>
<tr><td>8</td><td>检查</td><td></td><td></td><td></td><td></td></tr>
<tr><td colspan="6">教师审核意见：

教师（签名）：　　　　　　　　　　　　决策人（签名）：
年　月　日　　　　　　　　　　　　年　月　日</td></tr>
</table>

评价与分析

根据每个小组成员在本次学习活动中的表现填写学习活动评价表（见本书末附表）。

学习活动 4
实施砖基础砌筑方案

学习目标

1. 能按照作业规范设置必要的安全隔离防护设施和安全标志。

2. 能根据施工图要求正确填写砌筑材料和工具清单，并能按仓库管理要求以小组为单位领料。

3. 能正确使用砌筑工具，按照工艺要求进行砖基础砌筑。

4. 能按照《砌体结构工程施工规范》和施工现场“7S”管理标准，在作业完毕后清点、整理工具，收集剩余材料，归置物品，清理施工垃圾，拆除防护设施。

建议学时

16 学时。

学习过程

一、施工前准备

1. 识图并确定组砌方式

运用“一顺一丁”的组砌方式进行砌筑，要求里外咬槎、上下错层，严禁使用水冲浆灌缝。通过实际操作及查阅相关资料，分析“一顺一丁”组砌方式的优缺点及改进措施。

____

____

2. 场地准备

设置必要的安全隔离防护设施和安全标志，清理影响施工的杂物，并将安全隔离防护设施和安全标志设置情况记录在表 1-4-1 中。

表 1-4-1　　安全隔离防护设施和安全标志设置情况

安全隔离防护设施和安全标志	位置	目的

3. 人员安全准备

各组成员按世赛标准穿戴劳动防护用品，由各组组长对组员打分并评判组员劳动防护用品是否已经正确穿戴或使用。教师结合世赛关于劳动防护用品的使用要求对每个小组进行评价，填写表 1-4-2。各个小组根据该表进行统一整改。

表 1-4-2　　劳动防护用品穿戴情况评分表

小组＿＿＿＿＿　　指导教师＿＿＿＿＿

<table>
<tr><th>项目</th><th colspan="2">评分标准</th><th>得分</th><th>整改意见</th></tr>
<tr><td rowspan="5">试题得分</td><td>少于 60 分</td><td>0</td><td rowspan="5"></td><td rowspan="5"></td></tr>
<tr><td>60 ~ 70 分</td><td>1</td></tr>
<tr><td>71 ~ 80 分</td><td>2</td></tr>
<tr><td>81 ~ 90 分</td><td>3</td></tr>
<tr><td>91 ~ 100 分</td><td>4</td></tr>
</table>

续表

项目	评分标准		得分	整改意见
安全帽	不合格	0		
	合格	1		
安全鞋	不合格	0		
	合格	1		
安全服饰	不合格	0		
	合格	1		
手套	不合格	0		
	合格	1		
护目镜	不合格	0		
	合格	1		
口罩	不合格	0		
	合格	1		

4. 材料及工具准备

（1）查阅施工图，填写1：1放样量表（见表1-4-3）。

表1-4-3　　1：1放样量表

序号	需切割砖尺寸	数量	颜色	备注
1				
2				
3				
4				
5				
6				
7				
8				
9				
10				
需切割砖总量（块）				

（2）查阅施工图，用油性记号笔和三角板在标准砖上画出1 ：1的图案。对于图案复杂的图纸，应如何进行放样，提高效率？查阅相关资料，描述何为1 ：1放样。

（3）回顾砖基础砌筑的基本步骤与施工图，填写辅助材料与工具领用表（见表1-4-4）。以小组为单位，按仓库管理要求领用所需辅助材料与工具。

表1-4-4 辅助材料与工具领用表

序号	辅助材料或工具名称	单位	数量	备注
1				
2				
3				
4				
5				
6				
7				
8				
9				
10				
11				
12				
13				
14				
15				

（4）砖基础砌筑所用到的砖、水泥等材料应具有哪些证书和报告？对于烧结普通砖，在砖的尺寸、品种、强度等级等方面要注意哪些事项？

（5）在配置砌筑机具时要注意哪些事项？

（6）采用人工搅拌砂浆时，投料顺序为砂、水泥、掺合料、水。表 1-4-5 为人工拌制砂浆的操作过程，请补齐表中的操作注意事项。

表 1-4-5　　人工拌制砂浆操作过程

序号	操作内容	操作注意事项
1	按配合比称取水、砂、水泥及掺合料的量，将称量好的砂倒在拌板上	
2	将水泥倒在拌板上，用拌铲拌和	
3	将掺合料倒在拌板上，把砂、水泥和掺和物的颜色调至均匀	
4	把调匀的混合物筑成一个堆，在中间筑一个凹槽，将一半称量好的水倒入凹槽中，搅拌均匀后再倒入另一半水，继续搅拌至均匀	

（7）根据在砖上画出的线，用带水切割机进行切割。多次试切并查阅相关资料，写出切割机的操作要点。

5. 技术准备

（1）砖应提前1天浇水湿润，不得随浇随砌。查阅相关资料，分别写出烧结普通砖、烧结多孔砖、蒸压灰砂砖、粉煤灰砖等类砖的含水率。想一想，在施工现场通常如何检验砖含水率。

（2）旋砖是一项砌筑基本功，目的是挑选平整美观的砖面。操作时，将砖体平放于手掌上，以掌根为轴心，以拇指推动转动砖体，以选取平整美观的砌筑砖面。试徒手进行旋砖操作，口头描述并记录旋砖的技术要领。

（3）试徒手进行单刃砌刀铺灰操作，口头描述并记录铺灰的技术要领。

二、砌筑施工

1. 抄平、放线

根据施工现场情况，描述弹线放样的方法和技巧。

2. 排砖、撂底

（1）基础放大脚的撂底尺寸及收退方法要符合施工图要求，一层一退，里外均应砌丁砖。加二层一退，第一层为条砖，第二层为丁砖。开展小组讨论，分析可能存在的问题（如施工图设计的模数与砖的模数不匹配的问题），并提出改进措施。

（2）查阅相关资料，写出基层清理找平的原因和操作要点。

3. 立皮数杆

皮数杆是画有每皮砖和灰缝的厚度，以及门窗洞口、过梁、楼板等的标高，用来控制墙体纵向尺寸及各部件标高的方木标志杆。在垫层转角处、交接处及高低处均要立皮数杆。查阅相关资料，写出立皮数杆的操作步骤。

4. 砌筑

查阅相关资料，开展小组讨论，填写砖基础砌筑的相关参数、事项等。

（1）在进行砖基础砌筑前，首先要清理基础垫层表面，洒水湿润。然后进行盘角，每次盘角的高度不应超过____________砖，随盘随靠平、吊直。

（2）基础墙挂线时，____________mm 墙应反手挂线，____________mm 及以上墙应双面挂线。

（3）若基础标高不一致或有局部加深部位，应从____________砌筑，且应经常拉线检查，以保持砌体通顺、平直。

（4）砌筑基础大放脚时应____________。利用碎砖和断砖填心时，应分散填放在受力较小或不重要的部位。

（5）基础分段砌筑时应留斜槎，分段砌筑的高度不得超过____________mm。

（6）基础大放脚砌至基础上部时，要拉线检查轴线及边线，保证基础墙身位置正确。同时，还需要对照皮数杆的____________及____________。如有偏差，应在水平灰缝中逐渐调整，使砌体的皮数与皮数杆一致。

（7）各种预留洞、预埋件、拉结筋应按设计要求留置，避免____________影响砌体质量。

（8）变形缝处的砖基础砌体应按____________要求砌筑，先砌的砌体要把舌头灰刮尽，后砌的砌体可以采用缩口灰砌法砌筑，掉入缝内的杂物应_______________。

（9）暖气沟挑檐砖及其上一层压砖均应用____________砌筑，灰缝要严实，挑檐砖标高必须正确。

（10）管沟和洞口过梁的规格、标高应正确，底灰应饱满。如底灰超过____________mm，应用细石混凝土铺垫。两端搭接墙长度应一致。

5. 勾缝

根据砖基础施工图，利用勾缝刀对砖基础进行勾缝操作。查阅相关资料，列举墙体缝隙的类别，以及勾缝过程中的注意事项。

____

____

____

____

____

6. 清理表面

根据《世界技能标准规范》，写出砖基础砌体表面清理的方法和注意事项。

三、检查

砌筑时要随砌随检，并做好成品保护。

四、清理施工现场

每个位置每天砌筑完毕后，若自检合格，则按《砌体结构工程施工规范》和施工现场“7S”管理标准清点、整理工具，收集剩余材料，归置物品，清理施工垃圾，拆除防护设施。

1. 查阅相关资料，回顾砌筑过程，简述本任务中哪些环节属于施工现场“7S”管理的范畴。

2. 施工完毕后，拆除安全隔离防护设施的顺序是什么？

3. 施工完毕后，应进行哪些清点和清理工作？

评价与分析

根据每个小组成员在本次学习活动中的表现填写学习活动评价表（见本书末附表）。

学习活动 5
砖基础砌筑过程控制与成品验收

学习目标

1. 能按照砖砌体作业质量要求，对砖基础砌筑进行过程控制，做好质量检查。

2. 能对照世赛标准，检查质量检查记录与图纸原始数据之间的误差，分析原因并形成记录。

3. 能与项目技术负责人有效沟通并将成品交付验收。

建议学时

4 学时。

学习过程

一、砖基础砌筑过程控制

施工过程中，对一些项目应随砌随检，同时，每个位置每天砌筑完毕后，还应对已完成的砌筑品进行自检。查阅相关资料，依据《砌体结构工程施工质量验收规范》(GB 50203—2011)，以小组为单位进行质量检查，并将检查情况记录在表 1-5-1 中。

表 1-5-1　　　　　　　　砖基础砌筑质量检查表

项目名称		质量标准	抽检数量	权重 /%	评分
主控项目	砖强度等级				
	砂浆强度等级				
	斜槎留置				
	转角、交接处砌筑				
	直槎拉结钢筋及接槎处理				
	砂浆饱满度				
一般项目	轴线位移				
	每层及全高的墙面垂直度				
	组砌方式				
	水平灰缝厚度				
	竖向灰缝宽度				
	基础、墙、柱顶面标高				
	表面平整度				
	后塞口的门窗洞口尺寸				
	窗口偏移				
	水平灰缝平直度				
	清水墙游丁走缝				

二、检查误差并分析记录

对照世赛标准，检查质量检查记录与图纸原始数据之间的误差，分析原因并形成记录。

____

____

____

____

____

三、砖基础砌筑成品验收

1. 查阅《砌体结构工程施工质量验收规范》《世界技能标准规范》及施工图，明确砖基础成品验收项目及标准。各小组角色由施工方转变为监理方，交叉检查其他小组成品，并填写表1-5-2。验收过程中与施工方进行沟通，明确问题所在，施工方填写验收意见。

表1-5-2　砖基础砌筑验收表

序号	验收项目	验收标准	验收意见	权重 /%	教师评分
1					
2					
3					
4					
5					
6					
7					
8					

2. 记录验收过程中存在的问题，分小组讨论解决问题的方法，并填入表1-5-3中。

表1-5-3　验收问题记录表

序号	验收中存在的问题	改进和完善措施	完成时间	备注
1				
2				
3				
4				
5				

3. 验收结束后，整理材料和工具，归还领用物品，并填写砖基础砌筑成品交付清单（见表1-5-4）。

表 1-5-4　　砖基础砌筑成品交付清单

<table>
<tr><td>任务名称</td><td colspan="3"></td><td>接单日期</td><td></td></tr>
<tr><td>工作地点</td><td colspan="3"></td><td>交付日期</td><td></td></tr>
<tr><td rowspan="2">三方评价结果（百分制）</td><td>自我评价</td><td>小组评价</td><td>项目负责人评价</td><td rowspan="2">验收结论（百分制）</td><td rowspan="2"></td></tr>
<tr><td></td><td></td><td></td></tr>
</table>

材料及工具归还清单

序号	材料及工具名称	型号和规格	数量	备注
1				
2				
3				
4				
5				
6				
7				
8				

项目负责人（签名）： 年　月　日	团队负责人（签名）： 年　月　日

评价与分析

根据每个小组成员在本次学习活动中的表现填写学习活动评价表（见本书末附表）。

学习活动 6
砖基础砌筑工作总结评价

学习目标

1. 能按分组情况派代表展示工作成果，说明本任务的完成情况并分析总结。
2. 能正确核算成本。
3. 能结合任务完成情况，正确、规范地撰写工作总结。
4. 能对学习情况进行反思总结，并与他人开展良好合作，进行有效沟通。

建议学时

4 学时。

学习过程

一、小组评价

以小组为单位，选择演示文稿、展板、海报、视频等一种或几种形式，向全班展示砖基础砌筑作业成果。在展示的过程中，以小组为单位进行评价。评价完成后，根据其他小组成员对本组展示成果的评价意见进行归纳总结。

二、教师评价

认真听取教师对本小组展示成果优缺点以及在完成任务过程中出现的亮点和不足的评价意见，并做好记录。

1. 教师对本小组展示成果优点的点评。

2. 教师对本小组展示成果缺点及改进方法的点评。

3. 教师对本小组在整个任务完成过程中出现的亮点和不足的点评。

三、核算成本

填写表 1-6-1，完成砖基础砌筑的成本核算，并与其他小组进行比较，成本最低者可加分。

表 1-6-1　　砖基础砌筑成本核算单

序号	材料名称	价格	购买渠道
1			
2			
3			
4			
5			

四、砖基础砌筑工作过程回顾及总结

1. 总结完成砖基础砌筑任务过程中遇到的问题和困难，列举 2 ~ 3 点你认为比较值得和其他同学分享的经验。

2. 回顾本学习任务的实施过程，对新学专业知识和技能进行归纳和整理，写一篇不少于 800 字的工作总结。

工 作 总 结

评价与分析

按照客观、公正和公平原则，在教师的指导下按自我评价、小组评价和教师评价三种方式对自己或他人在本学习任务中的表现进行综合评价，填写表 1-6-2。综合等级分为 A（90 ~ 100 分）、B（75 ~ 89 分）、C（60 ~ 74 分）、D（0 ~ 59 分）四个级别。

表 1-6-2　　学习任务综合评价表

评价项目	评价内容	分值	评价分数		
			自我评价	小组评价	教师评价
职业素养	劳动防护用品穿戴完备，仪容仪表符合工作要求	10			
	安全意识、责任意识、服从意识强	10			
	积极参加教学活动，按时完成各项学习任务	10			

续表

评价项目	评价内容	分值	评价分数		
			自我评价	小组评价	教师评价
职业素养	团队合作意识强，善于与人交流和沟通	5			
	自觉遵守劳动纪律，尊敬师长，团结同学	5			
	爱护公物，节约材料，施工现场符合“7S”管理标准	10			
专业能力	专业知识扎实，有较强的自学能力	10			
	砌筑操作积极，训练刻苦，具有一定的动手能力	10			
	砌筑操作符合要求，认真选取原料，注重安全工艺，工作效率高	10			
工作成果	砌筑工艺流程规范，砖基础符合施工要求	10			
	工作总结符合要求，砖基础砌筑质量高	10			
总分		100			
总分数		综合等级		教师（签名）:	

注：总分数 = 自我评价分数 ×20% + 小组评价分数 ×20% + 教师评价分数 ×60%

学习任务二
砖墙砌筑

学习目标

1. 能根据工作情境描述明确任务要求，列举砖墙砌筑所需的材料、工具与设备。
2. 能列举图纸、规范及砌筑方法的相关要求。
3. 能列举普通砖墙砌筑的施工要求。
4. 能说出砖墙砌筑的工作流程。
5. 能制定工程量表。
6. 能制定砖墙砌筑方案。
7. 能审核砖墙砌筑方案的完整性和科学性。
8. 能检查相关材料、工具与设备是否符合要求。
9. 能根据工程量表进行砖块下料、放样、切割及砂浆拌制。
10. 能正确进行砖块砌筑。
11. 能进行产品自检与互检并做好记录。
12. 能正确核算成本。

建议学时

30 学时。

工作流程与活动

1. 获取砖墙砌筑信息（2 学时）
2. 制定砖墙砌筑方案（4 学时）
3. 审定砖墙砌筑方案（4 学时）
4. 实施砖墙砌筑方案（12 学时）
5. 砖墙砌筑过程控制（4 学时）
6. 砖墙砌筑工作总结评价（4 学时）

工作情境描述

某样板房项目将进行墙体施工，现需要根据样板房砖墙施工图砌筑砖墙。

项目经理要求施工人员完成如下工作：

1. 根据《砌体结构工程施工质量验收规范》的相关规定，参照《世界技能标准规范》的要求，根据提供的砖墙施工图，明确墙体形式（包括高度、宽度、组砌方式、是否需要构造柱等），完成砖墙砌筑的一系列工作，将砖墙砌筑在指定地点。

2. 根据作业规范对砖砌体进行自检、互检，对下一道工序的交接进行检查并做好记录，向工程项目部反馈。

3. 将所有技术文档上交项目经理。

学习活动 1
获取砖墙砌筑信息

学习目标

1. 能根据工作情境描述明确任务要求，填写砖墙砌筑任务单。
2. 能识别砖墙的构造，并分析各部分的作用。
3. 能识别砖墙的组砌方式，根据砖墙的构造描述其砌筑方法。
4. 能根据施工现场“7S”管理标准描述砖墙砌筑现场管理工作内容。

建议学时

2 学时。

学习过程

一、填写任务单

1. 独立阅读工作情境描述，用荧光笔画出关键词，将关键词记录在下面，并将其中需要进一步了解的词用星号标注出来。

____

____

____

____

____

2. 查阅相关资料，根据实际情况填写表 2-1-1。

表 2-1-1　　砖墙砌筑任务单

<table>
<tr><td>任务名称</td><td colspan="3"></td><td>接单日期</td><td></td></tr>
<tr><td>工作地点</td><td colspan="3"></td><td>任务周期</td><td></td></tr>
<tr><td>工作内容</td><td colspan="5"></td></tr>
<tr><td>工具、材料</td><td colspan="5"></td></tr>
<tr><td>施工项目</td><td colspan="5"></td></tr>
<tr><td>项目负责人姓名</td><td></td><td>联系电话</td><td></td><td>验收日期</td><td></td></tr>
<tr><td>团队名称</td><td></td><td>团队负责人
姓名</td><td></td><td>联系电话</td><td></td></tr>
<tr><td>备注</td><td colspan="5"></td></tr>
</table>

3. 阅读《砌体结构工程施工质量验收规范》和世界技能大赛有关标准，填写表 2-1-2 及表 2-1-3。

表 2-1-2　　砖墙砌筑材料表

序号	材料名称	要求
1		
2		
3		

表 2-1-3　　砖墙砌筑工具清单（世赛标准）

序号	工具类型	名称
1	放样工具	
2	切割、砌筑工具	
3	检测、清洁工具	

二、认知砖墙砌筑

1. 认识各种砌体墙

砖墙常用于砌筑砌体结构纵向承重墙以及框架、框剪结构填充墙。通过查阅资料、现场考察实训室，认识不同的砌体墙及组砌方式，在表 2-1-4 中描述各类砌体墙的主要特点及应用范围。

表 2-1-4　　　　几种砌体墙的主要特点及应用范围

类型	图片	主要特点及应用范围
砖墙		
轻质混凝土砌块墙		
混凝土空心砌块墙		
石砌块墙		

2. 认识标准砖

砖的标准尺寸为 240 mm×115 mm×53 mm。其中，尺寸为 240 mm×115 mm 的面称为大面，尺寸为 240 mm×53 mm 的面称为条面，尺寸为 115 mm×53 mm 的面称为顶面（也称丁面）。查看标准砖模型，填写表 2-1-5。

表 2-1-5　　标准砖各面名称及尺寸

名称	尺寸	示意图
大面		
条面		
顶面（丁面）		

3. 认识砖墙

采取不同的组砌方式可以将标准砖砌成不同厚度的砖墙，用于砌筑房屋内外承重墙及隔墙。在砖砌体模型室观察不同厚度砖墙的组砌方式，填写表 2-1-6，画出砖墙剖面示意图。

表 2-1-6　　不同厚度砖墙尺寸及剖面示意图

名称	厚度 /mm	剖面示意图	主要使用部位
半砖墙	120	115	内墙
3/4 砖墙			
一砖墙			
一砖半墙			
两砖墙			

4. 认识砖在不同位置的名称

砌筑时，砖根据其摆放位置不同有不同的名称，如图 2-1-1 所示。根据砌筑方向不同，砖可分为顺砖和丁砖。根据在砌体内位置不同，砖可分为卧砖（眠砖）、陡砖、立砖。根据图 2-1-1 填写表 2-1-7 中有关内容。

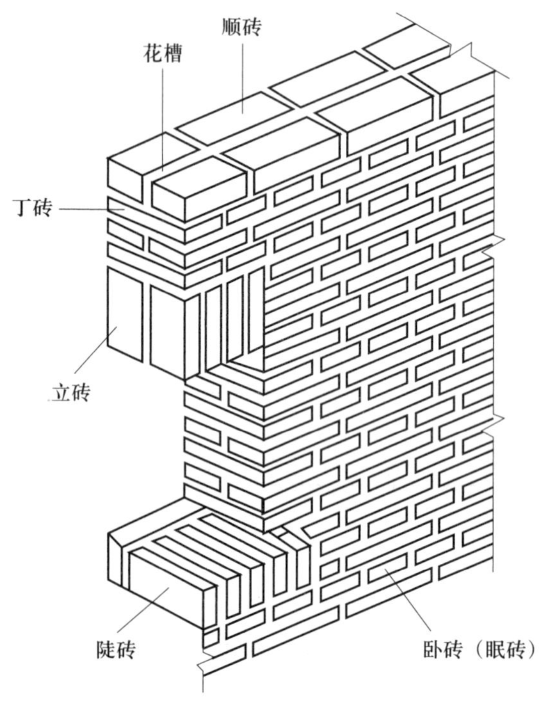

图 2-1-1　砖在不同位置的名称

表 2-1-7　　砖在不同位置的名称

名称	摆放形式及位置	示意图
顺砖		
丁砖		
卧砖（眠砖）		
立砖		
陡砖		

三、实施施工现场“7S”管理

1. 查阅相关资料，说明砖墙砌筑现场“7S”管理的标准，并填写在表 2-1-8 中。

表 2-1-8　　砖墙砌筑现场“7S”管理标准

“7S”管理	标准
整理	
整顿	
清扫	
清洁	
素养	
安全	
节约	

2. 根据所学的“7S”管理知识，以小组为单位，设计制作一个砖墙砌筑流程看板。

评价与分析

根据每个小组成员在本次学习活动中的表现填写学习活动评价表（见本书末附表）。

学习活动 2
制定砖墙砌筑方案

学习目标

1. 能说出砖墙砌筑步骤及主要技术要点。
2. 能正确选取常用砌筑工具、量具。
3. 能正确制定砖墙砌筑方案。
4. 能正确计算砌筑工程量。
5. 能利用学习资料，与小组成员合作，制作砖墙砌筑技术交底记录表。
6. 能合理分工，展示砖墙砌筑方案。

建议学时

4 学时。

学习过程

一、制定任务分工表

1. 讨论工作流程与技术要点

查阅相关资料，采用头脑风暴法开展小组讨论，列出砖墙砌筑的主要工作流程、组砌原则、技术要点等。

____

____

____

2. 填写任务分工表

根据施工流程开展小组讨论，确定人员分工，并填写任务分工表（见表 2-2-1）。

表 2-2-1　　任务分工表

序号	姓名	任务	技术要点	完成时间	验收人

二、计算工程量

查阅资料，以小组为单位识读图纸，计算墙体长度、墙体高度、皮数及工程量，填写表 2-2-2。

表 2-2-2　　砖墙砌筑工程量计算表

墙体长度	
墙体高度	
皮数	
工程量	

三、制作砖墙砌筑技术交底记录表

查阅相关资料，根据《砌体结构工程施工规范》要求，与小组成员合作，制作砖墙砌筑技术交底记录表（见表 2-2-3），交底内容包括材料要求、主要工具及量具、作业条件、操作工艺等。

表 2-2-3　　技术交底记录表

编号：

工程名称		交底日期	
施工单位		分项工程名称	
交底摘要			

交底内容：

审核人		交底人		接受交底人	

四、制定砖墙砌筑方案

1. 明确砖墙砌筑的基本步骤，如图 2-2-1 所示。

2. 根据规范要求，列出砖墙砌筑步骤、具体工作内容及技术要求，填写表 2-2-4，形成砖墙砌筑方案。同时，查阅《砌体结构工程施工质量验收规范》，填写砖墙砌筑质量要求（见表 2-2-5）。

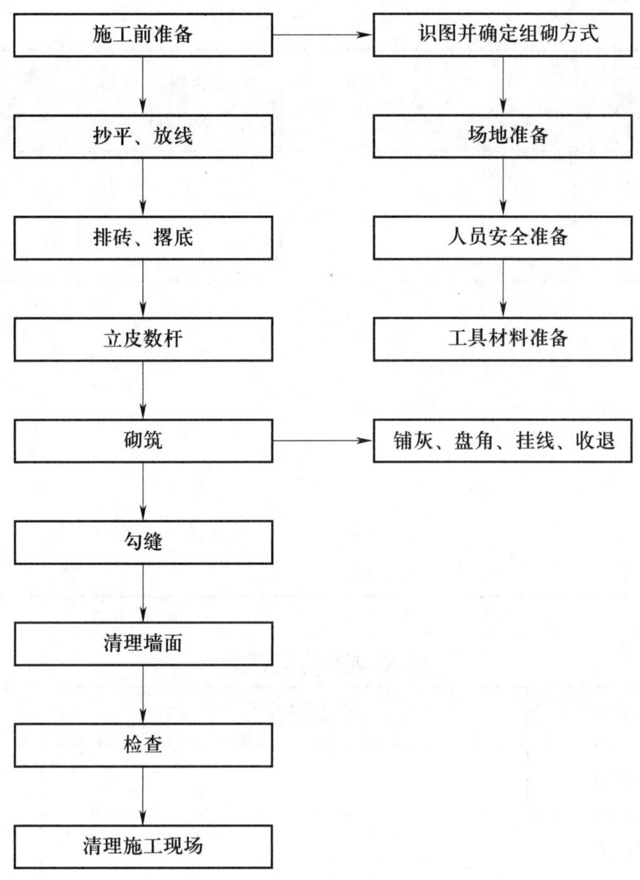

图 2–2–1　砖墙砌筑的基本步骤

表 2–2–4　砖墙砌筑方案

<table>
<tr><td>任务名称</td><td colspan="2"></td><td>工作起止日期</td><td></td><td>制定方案日期</td><td></td></tr>
<tr><td>序号</td><td>施工步骤</td><td colspan="2">工作内容</td><td>所需资料、材料及工具</td><td>负责人</td><td>参与人员</td></tr>
<tr><td>1</td><td>施工前准备</td><td colspan="2"></td><td></td><td></td><td></td></tr>
<tr><td>2</td><td>抄平、放线</td><td colspan="2"></td><td></td><td></td><td></td></tr>
<tr><td>3</td><td>排砖、撂底</td><td colspan="2"></td><td></td><td></td><td></td></tr>
<tr><td>4</td><td>立皮数杆</td><td colspan="2"></td><td></td><td></td><td></td></tr>
<tr><td>5</td><td>砌筑</td><td colspan="2"></td><td></td><td></td><td></td></tr>
<tr><td>6</td><td>勾缝</td><td colspan="2"></td><td></td><td></td><td></td></tr>
</table>

续表

序号	施工步骤	工作内容	所需资料、材料及工具	负责人	参与人员
7	清理墙面				
8	检查				

教师审核意见：

教师（签名）：　　　　　　　　　　　　决策人（签名）：

年　月　日　　　　　　　　　　　　年　月　日

表 2-2-5　　砖墙砌筑质量要求

序号	质量要求	规范说明	备注
1	横平竖直		
2	砂浆饱满		
3	错缝搭砌		
4	接槎可靠		

3. 绘制场地平面布置图（补充绘制场地布置草图）。

场地平面布置图

4. 根据本任务要求，采用横道图方式编制施工进度计划表。

评价与分析

根据每个小组成员在本次学习活动中的表现填写学习活动评价表（见本书末附表）。

学习活动 3
审定砖墙砌筑方案

学习目标

1. 能审核砖墙砌筑方案的完整性和科学性。
2. 能以小组为单位讨论已制定的砌筑方案并作出决策。
3. 能根据审核意见优化砖墙砌筑方案。

建议学时

4 学时。

学习过程

一、第一次审定

教师对每个砖墙砌筑方案进行第一次审定，并将修改意见填写在方案中。组长组织组员认真阅读，按照教师的意见修改方案，填入表 2-3-1 中。

表 2-3-1　　砖墙砌筑方案（一审）

<table>
<tr><td>任务名称</td><td colspan="2"></td><td colspan="2">工作起止日期</td><td>制定方案日期</td><td></td></tr>
<tr><td>序号</td><td>施工步骤</td><td colspan="2">工作内容</td><td>所需资料、材料及工具</td><td>负责人</td><td>参与人员</td></tr>
<tr><td>1</td><td>施工前准备</td><td colspan="2"></td><td></td><td></td><td></td></tr>
<tr><td>2</td><td>抄平、放线</td><td colspan="2"></td><td></td><td></td><td></td></tr>
</table>

续表

序号	施工步骤	工作内容	所需资料、材料及工具	负责人	参与人员
3	排砖、撂底				
4	立皮数杆				
5	砌筑				
6	勾缝				
7	清理墙面				
8	检查				
教师审核意见： 教师（签名）： 年　月　日			决策人（签名）： 年　月　日		

二、第二次审定

教师再次对各小组提交的修改方案进行审定。若修改方案可行，即确定为可实施方案。若仍然存在问题，则教师将修改意见填写在方案中，由组长组织组员认真阅读，按照教师的第二次审核意见修改施工方案，填入表 2-3-2 中。

表 2-3-2　　砖墙砌筑方案（二审）

任务名称		工作起止日期		制定方案日期	
序号	施工步骤	工作内容	所需资料、材料及工具	负责人	参与人员
1	施工前准备				
2	抄平、放线				
3	排砖、撂底				
4	立皮数杆				

续表

序号	施工步骤	工作内容	所需资料、材料及工具	负责人	参与人员
5	砌筑				
6	勾缝				
7	清理墙面				
8	检查				

教师审核意见：

教师（签名）：　　　　　　　　　　决策人（签名）：

年　月　日　　　　　　　　　　年　月　日

三、第三次审定

教师对各小组提交的第二次修改方案进行审定，确定为可实施方案，填入表 2-3-3 中。

表 2-3-3　　　　砖墙砌筑方案（定稿）

任务名称		工作起止日期		制定方案日期	
序号	**施工步骤**	**工作内容**	**所需资料、材料及工具**	**负责人**	**参与人员**
1	施工前准备				
2	抄平、放线				
3	排砖、撂底				
4	立皮数杆				
5	砌筑				
6	勾缝				

续表

序号	施工步骤	工作内容	所需资料、材料及工具	负责人	参与人员
7	清理墙面				
8	检查				

教师审核意见:

教师（签名）:
年　月　日

决策人（签名）:
年　月　日

评价与分析

根据每个小组成员在本次学习活动中的表现填写学习活动评价表（见本书末附表）。

学习活动 4
实施砖墙砌筑方案

学习目标

1. 能按照作业规范设置必要的安全隔离防护设施和安全标志。

2. 能根据施工图要求正确填写砌筑材料和工具清单，并能按仓库管理要求以小组为单位领料。

3. 能正确使用砌筑工具，按照工艺要求进行砖墙砌筑。

4. 能按照《砌体结构工程施工规范》和施工现场“7S”管理标准，在作业完毕后清点、整理工具，收集剩余材料，归置物品，清理施工垃圾，拆除防护设施。

建议学时

12 学时。

学习过程

一、施工前准备

1. 识图并确定组砌方式

（1）根据图纸，写出该工程墙体的组砌方式。

____

（2）绘制本任务中涉及的正立面图及侧立面图，并标注尺寸。

____

____

2. 场地准备

设置必要的安全隔离防护设施和安全标志，清理影响施工的杂物，并将安全隔离防护设施和安全标志设置情况记录在表 2-4-1 中。

表 2-4-1　　安全隔离防护设施和安全标志设置情况

安全隔离防护设施和安全标志	位置	目的

3. 人员安全准备

各组成员按世赛标准穿戴劳动防护用品，由各组组长对组员打分并评判组员劳动防护用品是否已经正确穿戴或使用。教师结合世赛关于劳动防护用品的使用要求对每个小组进行评价，填写表 2-4-2。各个小组根据该表进行统一整改。

表 2-4-2　　劳动防护用品穿戴情况评分表

小组＿＿＿＿＿　　指导教师＿＿＿＿＿

<table>
<tr><th>项目</th><th colspan="2">评分标准</th><th>得分</th><th>整改意见</th></tr>
<tr><td rowspan="5">试题得分</td><td>少于 60 分</td><td>0</td><td rowspan="3"></td><td rowspan="3"></td></tr>
<tr><td>60 ~ 70 分</td><td>1</td></tr>
<tr><td>71 ~ 80 分</td><td>2</td></tr>
<tr><td>81 ~ 90 分</td><td>3</td><td rowspan="2"></td><td rowspan="2"></td></tr>
<tr><td>91 ~ 100 分</td><td>4</td></tr>
</table>

续表

项目	评分标准		得分	整改意见
安全帽	不合格	0		
	合格	1		
安全鞋	不合格	0		
	合格	1		
安全服饰	不合格	0		
	合格	1		
手套	不合格	0		
	合格	1		
护目镜	不合格	0		
	合格	1		
口罩	不合格	0		
	合格	1		

4. 材料及工具准备

（1）查阅施工图，填写 1：1 放样量表（见表 2-4-3）。

表 2-4-3　　1：1 放样量表

序号	需切割砖尺寸	数量	颜色	备注
1				
2				
3				
4				
5				
6				
7				
8				
9				
10				
需切割砖总量（块）				

（2）查阅施工图，用油性记号笔和三角板在标准砖上画出 1 : 1 的图案。对于本任务中图案复杂的图纸，应如何进行放样，提高效率？

（3）回顾砖墙砌筑步骤与施工图，填写辅助材料与工具领用表（见表 2-4-4）。以小组为单位，按仓库管理要求领用所需辅助材料与工具。

表 2-4-4　　辅助材料与工具领用表

序号	辅助材料或工具名称	单位	数量	备注
1				
2				
3				
4				
5				
6				
7				
8				
9				
10				
11				
12				
13				
14				
15				

（4）利用搅拌机对石灰、砂浆进行搅拌，备用。

（5）根据放样，用带水切割机对砖块进行切割。

5. 技术准备

查阅《砌体结构工程施工质量验收规范》《世界技能标准规范》等资料，回答下列问题。

（1）砖必须在砌筑前一天浇水湿润，一般以水浸入砖四边________cm 为宜，含水率为________。常温下施工时不得用干砖砌墙，雨季不得使用含水率达到饱和状态的砖砌墙。若冬季浇水有困难，则必须适当增大砂浆稠度。

（2）砂浆配合比应采用质量比，计量精度：水泥为________，砂、石灰膏控制在________以内。宜采用机械搅拌，搅拌时间不少于________min。

（3）砌清水墙时应选择棱角整齐、不弯曲、无裂纹、颜色均匀、规格基本一致的砖。敲击时声音响亮以及因焙烧过火而变色、变形的砖可用在基础及不影响外观的内墙上。

（4）砌墙前应先盘角，每次盘角不要超过________层，新盘的大角应及时进行吊靠，盘角时要仔细对照________的砖层和标高，控制好灰缝大小，使水平灰缝均匀一致。

（5）砌筑一砖半墙必须________挂线。如果砌长墙时几个人使用一根通线，则中间应设几个支线点。小线要拉紧，每层砖都要穿线看平，使水平缝均匀一致、平直通顺。砌一砖厚混水墙时宜采用________挂线，可以使砖墙两面平整，为控制抹灰厚度奠定基础。

（6）砌墙宜采用________、________、________的“三一”砌筑法，即满铺满挤操作法。砌墙时砖要放平。________，墙面就要张；________，墙面就要背。砌墙一定要跟线。上跟线，________，左右相邻要对平。

（7）水平灰缝厚度和竖向灰缝宽度一般为________mm，但不应小于________mm，也不应大于________mm。为保证清水墙面立缝垂直，不游丁走缝，当砌完一步脚手架高度时，宜每隔________水平间距，在丁砖立棱位置弹两道垂直立线。

二、砌筑施工

1. 抄平、放线

根据施工图及施工现场的位置设置好龙门板或轴线桩，再根据龙门板或轴线桩上标出的建筑物主要轴线弹出墙体轴线和边线。

在下面绘制主要弹线及对应尺寸。

2. 排砖、撂底

在弹好线的基面上，在不铺灰的状态下先用砖试摆，核对所弹的墨线是否符合模数，以便借助灰缝进行调整，使砖的排列和砖缝宽度均匀，提高砌砖效率。

在下面绘制排砖样图。

3. 立皮数杆

一般在墙体的转角处及纵横墙交接处设置皮数杆。查阅相关资料，在下面写出立皮数杆的操作要点。

____

____

____

4. 砌筑

（1）盘角

墙角是控制墙面横平竖直的主要依据。按皮数杆的标志线在墙角位置先砌起若干皮砖的过程称为盘角。盘角须做到砖整齐方正，七分头砖规整一致，砌砖时放平摆正。注意每次盘角不要超过 5 层。仔细对照皮数杆的砖层和标高，控制好灰缝厚度，及时用吊线锤和靠尺检测，如有偏差及时修正。

注意要点：

1）盘角处 1 m 范围内，按组砌方法挑选平直、方正的砖（七分头砖一定要棱角方正，尺寸正确），先砌 3 ~ 5 皮砖，并用方尺检查方正度，用吊线锤检查垂直度，如图 2-4-1（a）所示。

2）上一步完成后，在两端拉通线，检查砖墙留槎处，看砖是否有抬头和低头现象，再核对砖的皮数，可出现错层，如图 2-4-1（b）所示。

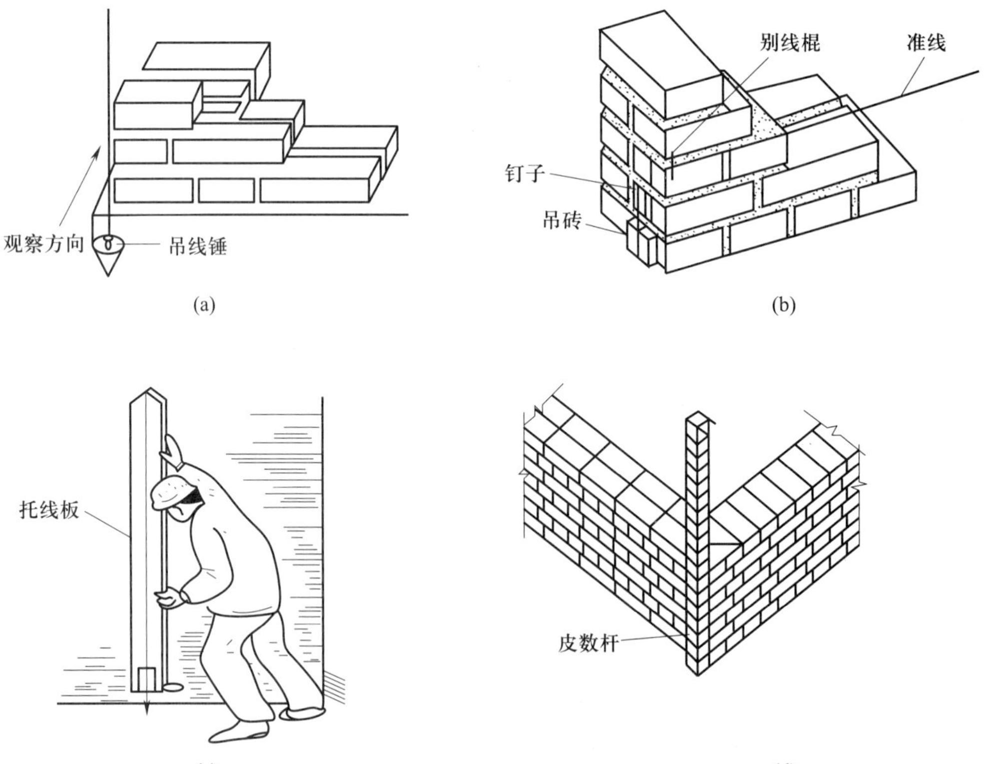

图 2-4-1　盘角

3）随之上砌，要随时用托线板检查其垂直度，使纵横墙砌成直角，如图 2-4-1（c）所示。

4）砌时必须以皮数杆为准，控制好砖层上口高度，不要与皮数杆对应的皮数相差太多（偏差值应控制在 5 ~ 10 mm 以内），如图 2-4-1（d）所示。

（2）挂线

在平整度和垂直度完全符合要求后，可挂线砌墙。一般砌一砖墙、一砖半墙时单面挂线，砌两砖墙及更厚的墙时则应双面挂线。砌墙时常用一铲灰、一块砖、一挤揉的“三一”砌筑法。准线应挂在墙角处，两端要拴牢绷紧。每砌完一皮砖后，由两头逐皮往上平移准线。

注意要点：

1）外墙大角挂线。用线拴住半截砖头，挂在大角的砖缝里，然后用别线棍别住，别线棍的直径约为 1 mm，放在离转角 20 ~ 40 mm 处，如图 2-4-2（a）所示。

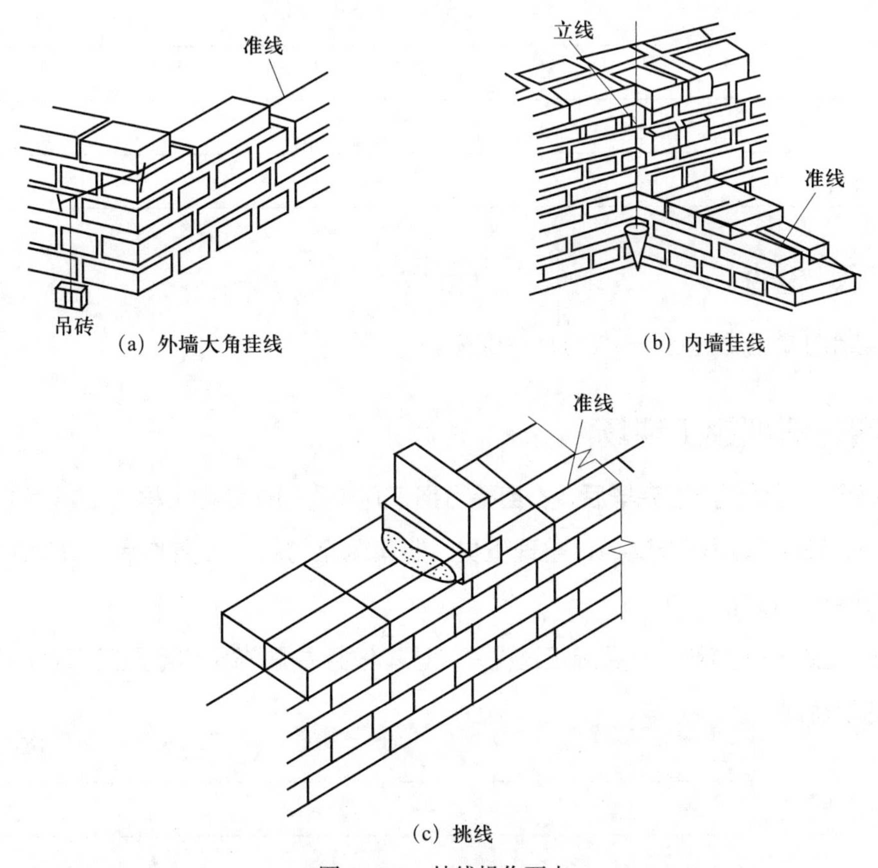

(a) 外墙大角挂线

(b) 内墙挂线

(c) 挑线

图 2-4-2　挂线操作要点

2）内墙挂线。一般先挂两端立线，再将准线拴在两端立线上，如图 2-4-2（b）所示。

3）挑线。当墙面挂线长度超过 20 m 时，应在墙身中间砌上 1 块挑出 30 ~ 40 mm 的腰线砖托住准线，再用砖将线压住，如图 2-4-2（c）所示。

5. 勾缝

勾缝是砌清水墙的最后一道工序，具有保护墙面和增加墙面美观度的作用。内墙面可以采用砌筑砂浆随砌随勾缝，这称为原浆勾缝。外墙面待砌体砌筑完毕后再用水泥砂浆或加色浆勾缝，这称为加浆勾缝。为了确保勾缝质量，勾缝前应清除墙面黏结的砂浆和杂物，并洒水润湿。采用铺浆法砌筑时，铺浆长度不得超过 50 cm，以确保水平灰缝的砂浆饱满。

6. 清理墙面

根据《世界技能标准规范》写出砖墙墙面清理的方法和注意事项。

____

____

____

____

____

三、检查

砌筑时要随砌随检，并做好成品保护。

四、清理施工现场

每个位置每天施工完毕后，若自检合格，则按《砌体结构工程施工规范》和施工现场“7S”管理标准清点、整理工具，收集剩余材料，归置物品，清理施工垃圾，拆除防护设施。

1. 查阅相关资料，回顾施工过程，简述本任务中哪些环节属于施工现场“7S”管理的范畴。

____

____

____

2. 施工完毕后，应进行哪些清点和清理工作？

评价与分析

根据每个小组成员在本次学习活动中的表现填写学习活动评价表（见本书末附表）。

学习活动 5
砖墙砌筑过程控制与成品验收

学习目标

1. 能按照砖砌体作业质量要求，对砖墙砌筑进行过程控制，做好质量检查。

2. 能对照世赛标准，检查质量检查记录与图纸原始数据之间的误差，分析原因并形成记录。

3. 能与项目技术负责人有效沟通并将成品交付验收。

建议学时

4 学时。

学习过程

一、砖墙砌筑过程控制

施工过程中，对一些项目应随砌随检，同时，每个位置每天施工完毕后，还应对已完成的砌筑品进行自检。查阅相关资料及相关规范，以小组为单位进行质量检查，并将检查情况记录在表 2-5-1 中。

表 2-5-1　　砖墙砌筑质量检查表

项目名称		质量标准	抽检数量	权重 /%	评分
主控项目	砖强度等级				
	砂浆强度等级				

续表

项目名称		质量标准	抽检数量	权重 /%	评分
主控项目	斜槎留置				
	转角、交接处砌筑				
	直槎拉结钢筋及接槎处理				
	砂浆饱满度				
一般项目	轴线位移				
	每层及全高的墙面垂直度				
	组砌方式				
	水平灰缝厚度				
	竖向灰缝宽度				
	基础、墙、柱顶面标高				
	表面平整度				
	后塞口的门窗洞口尺寸				
	窗口偏移				
	水平灰缝平直度				
	清水墙游丁走缝				

二、检查误差并分析记录

对照世赛标准，检查质量检查记录与图纸原始数据之间的误差，分析原因并形成记录。

____

____

____

____

____

三、砖墙砌筑成品验收

1. 查阅《砌体结构工程施工质量验收规范》《世界技能标准规范》及施工图，明确砖墙成品验收项目及标准。各小组角色由施工方转变为监理方，交叉检查其他小组成品，并填写表 2-5-2。验收过程中与施工方进行沟通，明确问题所在，施工方填写验收意见。

表 2-5-2　砖墙砌筑验收表

序号	验收项目	验收标准	验收意见	权重 /%	教师评分
1					
2					
3					
4					
5					
6					
7					
8					

2. 记录验收过程中存在的问题，分小组讨论解决问题的方法，并填入表 2-5-3 中。

表 2-5-3　验收问题记录表

序号	验收中存在的问题	改进和完善措施	完成时间	备注
1				
2				
3				
4				
5				

3. 验收结束后，整理材料和工具，归还领用物品，并填写砖墙砌筑成品交付清单（见表 2-5-4）。

表 2-5-4　　　　　　　　砖墙砌筑成品交付清单

<table>
<tr><td>任务名称</td><td colspan="3"></td><td>接单日期</td><td></td></tr>
<tr><td>工作地点</td><td colspan="3"></td><td>交付日期</td><td></td></tr>
<tr><td rowspan="2">三方评价结果
（百分制）</td><td>自我评价</td><td>小组评价</td><td>项目负责人评价</td><td rowspan="2">验收结论
（百分制）</td><td rowspan="2"></td></tr>
<tr><td></td><td></td><td></td></tr>
</table>

材料及工具归还清单

序号	材料及工具名称	型号和规格	数量	备注
1				
2				
3				
4				
5				
6				
7				
8				

项目负责人（签名）： 年　月　日	团队负责人（签名）： 年　月　日

评价与分析

根据每个小组成员在本次学习活动中的表现填写学习活动评价表（见本书末附表）。

学习活动 6
砖墙砌筑工作总结评价

学习目标

1. 能按分组情况派代表展示工作成果，说明本任务的完成情况，并分析总结。
2. 能正确核算成本。
3. 能结合任务完成情况，正确、规范地撰写工作总结。
4. 能对学习情况进行反思总结，并与他人开展良好合作，进行有效沟通。

建议学时

4 学时。

学习过程

一、小组评价

以小组为单位，选择演示文稿、展板、海报、视频等一种或几种形式，向全班展示砖墙砌筑作业成果。在展示的过程中，以小组为单位进行评价。评价完成后，根据其他小组成员对本组展示成果的评价意见进行归纳总结。

二、教师评价

认真听取教师对本小组展示成果优缺点以及在完成任务过程中出现的亮点和不足的评价意见，并做好记录。

1. 教师对本小组展示成果优点的点评。

2. 教师对本小组展示成果缺点及改进方法的点评。

3. 教师对本小组在整个任务完成过程中出现的亮点和不足的点评。

三、核算成本

填写表 2-6-1，完成砖墙砌筑的成本核算，并与其他小组进行比较。成本最低者可加分。

表 2-6-1　　砖墙砌筑成本核算单

序号	材料名称	价格	购买渠道
1			
2			
3			
4			
5			

四、砖墙砌筑工作过程回顾及总结

1. 总结完成砖墙砌筑任务过程中遇到的问题和困难，列举 2 ~ 3 点你认为比较值得和其他同学分享的经验。

2. 回顾本学习任务的实施过程，对新学专业知识和技能进行归纳和整理，写一篇不少于 800 字的工作总结。

工 作 总 结

评价与分析

按照客观、公正和公平原则，在教师的指导下按自我评价、小组评价和教师评价三种方式对自己或他人在本学习任务中的表现进行综合评价，填写表 2-6-2。综合等级分为 A（90 ~ 100 分）、B（75 ~ 89 分）、C（60 ~ 74 分）、D（0 ~ 59 分）四个级别。

表 2-6-2　　学习任务综合评价表

评价项目	评价内容	分值	评价分数		
			自我评价	小组评价	教师评价
职业素养	劳动防护用品穿戴完备，仪容仪表符合工作要求	10			
	安全意识、责任意识、服从意识强	10			
	积极参加教学活动，按时完成各项学习任务	10			
	团队合作意识强，善于与人交流和沟通	5			
	自觉遵守劳动纪律，尊敬师长，团结同学	5			
	爱护公物，节约材料，施工现场符合“7S”管理标准	10			
专业能力	专业知识扎实，有较强的自学能力	10			
	砌筑操作积极，训练刻苦，具有一定的动手能力	10			
	砌筑操作符合要求，认真选取原料，注重安全工艺，工作效率高	10			
工作成果	砌筑工艺流程规范，砖墙符合施工要求	10			
	工作总结符合要求，砖墙砌筑质量高	10			
总分		100			
总分数		综合等级		教师（签名）：	

注：总分数 = 自我评价分数 ×20%+ 小组评价分数 ×20%+ 教师评价分数 ×60%

学习任务三
砖柱砌筑

学习目标

1. 能根据工作情境描述明确任务要求，列举砖柱砌筑所需的材料、工具与设备。
2. 能列举图纸、规范及砌筑方法的相关要求。
3. 能列举砖柱砌筑的施工要求。
4. 能说出砖柱砌筑的工作流程。
5. 能正确制定工程量表。
6. 能正确制定砖柱砌筑方案。
7. 能审核砖柱砌筑方案的完整性和科学性。
8. 能检查相关材料、工具与设备是否符合要求。
9. 能根据工程量表进行砖块下料、放样、切割及砂浆拌制。
10. 能正确进行砖柱砌筑。
11. 能按照砖砌体作业质量要求，对砖柱砌筑进行过程控制。
12. 能进行产品自检与互检并做好记录。
13. 能正确核算成本。

建议学时

30 学时。

工作流程与活动

1. 获取砖柱砌筑信息（2 学时）
2. 制定砖柱砌筑方案（4 学时）
3. 审定砖柱砌筑方案（4 学时）
4. 实施砖柱砌筑方案（12 学时）
5. 砖柱砌筑过程控制（4 学时）
6. 砖柱砌筑工作总结评价（4 学时）

工作情境描述

某样板房项目将进行砖柱砌筑，现需要根据样板房砖柱砌筑施工图砌筑砖柱。

项目经理要求施工人员完成如下工作：

1. 从工程项目部领取施工图和任务单，明确施工流程、内容和规范。

2. 阅读施工图，明确砖柱的形式（包括高度、宽度、组砌方式、是否需要马牙槎等）、精度等要求，制定砖柱砌筑方案，写出工序，领取相关工具、量具。

3. 查看施工现场，根据施工图，明确施工地面条件，确定所需材料，准备所需切割机和其他设备，进行砖块下料、放样、切割及砂浆拌制、砖柱砌筑，并进行自检和互检，形成记录，向工程项目部反馈。

4. 将所有技术文档上交项目经理。

学习活动 1
获取砖柱砌筑信息

学习目标

1. 能列举砖柱砌筑所需的材料、工具与设备。
2. 能列举图纸、规范及砌筑方法的相关要求。
3. 能列举砖柱砌筑的施工要求。

建议学时

2 学时。

学习过程

一、填写任务单

1. 独立阅读工作情境描述，用荧光笔画出关键词，将关键词记录在下面，并将其中需要进一步了解的词用星号标注出来。

____

____

____

____

____

2. 了解砖柱砌筑的基础知识，并回答下列问题。

（1）砖柱砌筑所需的材料、工具与设备包括哪些？

（2）本任务中，选砖时应注意哪些要求？

（3）砌筑砂浆制备有哪些要求？

3. 查阅相关资料，根据实际情况填写表 3-1-1。

表 3-1-1　　砖柱砌筑任务单

任务名称		接单日期	
工作地点		任务周期	
工作内容			
工具、材料			

续表

施工项目					
项目负责人姓名		联系电话		验收日期	
团队名称		团队负责人 姓名		联系电话	
备注					

4．列举本任务涉及的规范和标准。

______

______

______

______

______

二、认知砖柱砌筑

1．查阅相关资料，根据矩形砖柱的截面规格，在表 3-1-2 中绘制组砌方式草图（至少绘制两皮），并任选一组 370 mm × 490 mm 截面徒手排砖。

表 3-1-2　　砖柱组砌

<table>
<tr><th colspan="2">砖柱截面规格 /（mm × mm）</th><th>组砌方式草图</th></tr>
<tr><td colspan="2">240 × 370</td><td></td></tr>
<tr><td rowspan="2">370 × 370</td><td>组合 1</td><td></td></tr>
<tr><td>组合 2</td><td></td></tr>
<tr><td>370 × 490</td><td>组合 1</td><td></td></tr>
</table>

续表

砖柱截面规格 /（mm × mm）		组砌方式草图
370 × 490	组合 2	
	组合 3	

2. 砖柱砌筑的施工要求有哪些？

三、实施施工现场“7S”管理

1. 查阅相关资料，说明砖柱砌筑现场“7S”管理的标准，并填写在表 3-1-3 中。

表 3-1-3　砖柱砌筑现场“7S”管理标准

“7S”管理	标准
整理	
整顿	
清扫	
清洁	
素养	
安全	
节约	

2. 根据所学的“7S”管理知识，以小组为单位，设计制作一个砖柱砌筑流程看板。

评价与分析

根据每个小组成员在本次学习活动中的表现填写学习活动评价表（见本书末附表）。

学习活动 2
制定砖柱砌筑方案

学习目标

1. 能明确砖柱砌筑的工作流程。
2. 能正确制定工程量表。
3. 能正确制定砖柱砌筑方案。

建议学时

4 学时。

学习过程

一、明确砖柱砌筑方案的内容

1. 观看采用“三一”砌筑法砌筑的过程，描述该砌筑方法的动作要领。

____

____

____

____

____

2. 砖柱砌筑方案应包含哪些内容?

____

____

二、制定任务分工表

根据施工流程开展小组讨论，确定人员分工，并填写任务分工表（见表 3-2-1）。

表 3-2-1　任务分工表

序号	姓名	任务	技术要点	完成时间	验收人

三、计算工程量

仔细阅读本任务中的砖柱砌筑施工图（见图 3-2-1）并计算工程量，填写表 3-2-2。

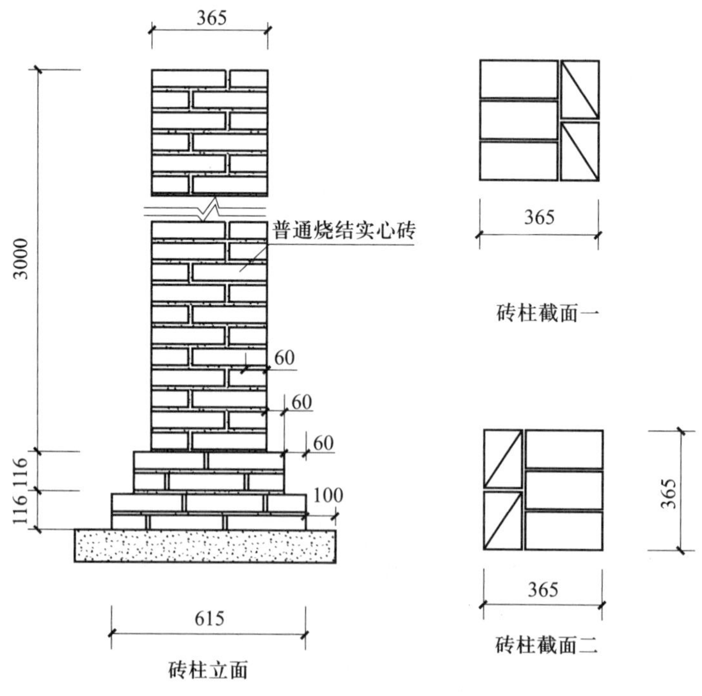

图 3-2-1　本任务中的砖柱砌筑施工图

表 3-2-2　　砖柱砌筑工程量计算表

截面尺寸	
砖柱高度	
皮数	
工程量	

四、制作砖柱砌筑技术交底记录表

根据砖柱砌筑要求，进行现场安全、技术交底工作，并形成技术交底记录表（见表 3-2-3）。

表 3-2-3　　技术交底记录表

编号：

工程名称		交底日期	
施工单位		分项工程名称	
交底提要			

交底内容：

审核人		交底人		接受交底人	

五、制定砖柱砌筑方案

1. 明确完成砖柱砌筑施工任务的基本步骤，如图 3-2-2 所示。

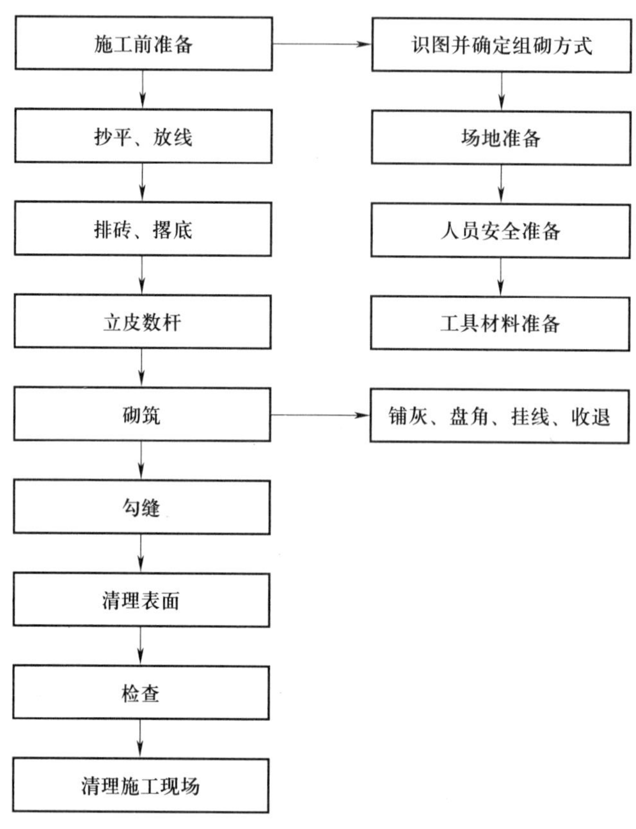

图 3-2-2　砖柱砌筑的基本步骤

2. 各个小组协商讨论，完成砖柱砌筑方案（见表 3-2-4）的编制。

表 3-2-4　　砖柱砌筑方案

任务名称		工作起止日期		制定方案日期	
序号	施工步骤	工作内容	所需资料、材料及工具	负责人	参与人员
1	施工前准备				
2	抄平、放线				
3	排砖、撂底				
4	立皮数杆				
5	砌筑				

续表

序号	施工步骤	工作内容	所需资料、材料及工具	负责人	参与人员
6	勾缝				
7	清理表面				
8	检查				

教师审核意见：

教师（签名）： 决策人（签名）：

年 月 日 年 月 日

3. 绘制场地平面布置图（补充绘制场地布置草图）。

场地平面布置图

4. 根据本任务要求，采用横道图方式编制施工进度计划表。

评价与分析

根据每个小组成员在本次学习活动中的表现填写学习活动评价表（见本书末附表）。

学习活动 3
审定砖柱砌筑方案

学习目标

1. 能审核砖柱砌筑方案的完整性和科学性。
2. 能对砖柱砌筑方案进行修改完善。

建议学时

4 学时。

学习过程

一、第一次审定

各组选派代表上台展示编制的砖柱砌筑方案，教师对每个砖柱砌筑方案进行第一次审定，并将修改意见填写在方案中。组长组织组员认真阅读，参照意见修改方案，填入表 3-3-1 中。

表 3-3-1　　砖柱砌筑方案（一审）

任务名称		工作起止日期		制定方案日期	
序号	施工步骤	工作内容	所需资料、材料及工具	负责人	参与人员
1	施工前准备				
2	抄平、放线				
3	排砖、撂底				

续表

序号	施工步骤	工作内容	所需资料、材料及工具	负责人	参与人员
4	立皮数杆				
5	砌筑				
6	勾缝				
7	清理表面				
8	检查				
教师审核意见： 教师（签名）：　　　年　月　日　　决策人（签名）：　　　年　月　日					

二、第二次审定

教师再次对各小组提交的修改方案进行审定，若修改方案可行，即确定为可实施方案。若仍然存在问题，则教师将修改意见填写在方案中，由组长组织组员认真阅读，按照教师的第二次审核意见修改施工方案，填入表 3-3-2 中。

表 3-3-2　　砖柱砌筑方案（二审）

任务名称		工作起止日期		制定方案日期	
序号	施工步骤	工作内容	所需资料、材料及工具	负责人	参与人员
1	施工前准备				
2	抄平、放线				
3	排砖、撂底				
4	立皮数杆				
5	砌筑				
6	勾缝				
7	清理表面				

续表

序号	施工步骤	工作内容	所需资料、材料及工具	负责人	参与人员
8	检查				

教师审核意见：

教师（签名）：　　　　　　　　　　　　决策人（签名）：

年　月　日　　　　　　　　　　　　年　月　日

三、第三次审定

教师对各小组提交的第二次修改方案进行审定，确定为可实施方案，填入表 3-3-3 中。

表 3-3-3　　　　砖柱砌筑方案（定稿）

任务名称		工作起止日期		制定方案日期	
序号	**施工步骤**	**工作内容**	**所需资料、材料及工具**	**负责人**	**参与人员**
1	施工前准备				
2	抄平、放线				
3	排砖、撂底				
4	立皮数杆				
5	砌筑				
6	勾缝				
7	清理表面				
8	检查				

教师审核意见：

教师（签名）：　　　　　　　　　　　　决策人（签名）：

年　月　日　　　　　　　　　　　　年　月　日

 评价与分析

根据每个小组成员在本次学习活动中的表现填写学习活动评价表（见本书末附表）。

学习活动 4
实施砖柱砌筑方案

学习目标

1. 能按照作业规范设置必要的安全隔离防护设施和安全标志。

2. 能根据施工图要求正确填写砌筑材料和工具清单，并能按仓库管理要求以小组为单位领料。

3. 能正确使用砌筑工具，按照工艺要求进行砖柱砌筑。

4. 能按照《砌体结构工程施工规范》和施工现场“7S”管理标准，在作业完毕后清点、整理工具，收集剩余材料，归置物品，清理施工垃圾，拆除防护设施。

建议学时

12 学时。

学习过程

一、施工前准备

1. 识图并确定组砌方式

根据图纸，写出该工程砌体的组砌方式。

____

2. 场地准备

查看现场，设置必要的安全隔离防护设施和安全标志，清理场地，并将安全隔离防护设施和安全标志设置情况记录在表 3-4-1 中。

表 3-4-1　　安全隔离防护设施和安全标志设置情况

安全隔离防护设施和安全标志	位置	目的

3. 人员安全准备

各组成员按世赛标准穿戴劳动防护用品，由各组组长对组员打分并评判组员劳动防护用品是否已经正确穿戴或使用。教师结合世赛关于劳动防护用品的使用要求对每个小组进行评价，填写表 3-4-2。各个小组根据该表进行统一整改。

表 3-4-2　　劳动防护用品穿戴情况评分表

小组＿＿＿＿＿＿　　指导教师＿＿＿＿＿＿

项目	评分标准		得分	整改意见
试题得分	少于 60 分	0		
	60 ~ 70 分	1		
	71 ~ 80 分	2		
	81 ~ 90 分	3		
	91 ~ 100 分	4		
安全帽	不合格	0		
	合格	1		
安全鞋	不合格	0		
	合格	1		
安全服饰	不合格	0		
	合格	1		

续表

项目	评分标准		得分	整改意见
手套	不合格	0		
	合格	1		
护目镜	不合格	0		
	合格	1		
口罩	不合格	0		
	合格	1		

4. 材料及工具准备

（1）查阅施工图，填写1：1放样量表（见表3-4-3）。

表3-4-3　　1：1放样量表

序号	需切割砖尺寸	数量	颜色	备注
1				
2				
3				
4				
5				
6				
7				
8				
9				
10				
需切割砖总量（块）				

（2）查阅施工图，用油性记号笔和三角板在标准砖上画出1：1的图案。对于本任务中图案复杂的图纸，应如何进行放样，提高效率？

____

____

____

____

____

（3）回顾砖柱砌筑步骤与施工图，填写辅助材料与工具领用表（见表 3-4-4）。以小组为单位，按仓库管理要求领用所需辅助材料与工具。

表 3-4-4　　辅助材料与工具领用表

序号	辅助材料或工具名称	单位	数量	备注
1				
2				
3				
4				
5				
6				
7				
8				
9				
10				
11				
12				
13				
14				
15				

（4）利用搅拌机对石灰、砂浆进行搅拌，备用。

（5）根据放样，用带水切割机对砖块进行切割。

5. 技术准备

（1）砌筑前应做好砂浆配合比及配料的计量工作。

（2）砌体施工弹线要求：在进行砌体施工前，应进行各部位________、________的定位工作。

（3）砌筑前应将砌筑部位的砂浆和杂物清除干净，并将砖________，确保砌体黏结。

二、砌筑施工

1. 抄平、放线

（1）在垫层顶面砌砖位置测出______标高，用_______找平。

（2）根据施工现场情况，描述弹线放样的方法和技巧。

____

____

____

____

____

2. 排砖、撂底

排砖应满足________要求。借助砖缝的调整，使侧面竖缝宽度均匀，减少砍砖。

3. 立皮数杆

查阅相关资料，写出砌筑施工中立皮数杆的作用。

____

____

____

____

____

4. 砌筑

（1）砌筑时，应先在墙角砌_______砖，进行盘角。应在盘角处挂线，保证墙面平整。

（2）采用“三一”砌筑法砌筑时，要做到________、砂浆饱满、内外搭接、上下错缝、________。

（3）砖柱依其断面大小有不同的砌筑方法，但无论采用哪种砌法，应使柱面上下皮的竖向灰缝相互错开________砖长或________砖长，在柱心无通天缝，少打砖。

（4）矩形砖柱的截面最小尺寸一般为________mm×________mm。

（5）对于实心砖砌体，宜采用______________法砌筑，以保证灰缝砂浆饱满。

（6）砖柱砌筑严禁采用________砌筑法，即先砌四周后填心的砌筑法。

（7）砖柱砌筑每天不应超过________米，以免砂浆受压而变形。

（8）在雨天，砖柱每天砌筑高度不得超过________米。

5. 勾缝

根据施工图，利用勾缝刀对砖柱进行勾缝操作。查阅相关资料，列举墙体缝隙的类别及勾缝过程中的注意事项。

____
____
____
____
____

6. 清理表面

根据《世界技能标准规范》，写出砖柱表面清理的方法和注意事项。

____
____
____
____
____

三、检查

砌筑时要随砌随检，并做好成品保护。

四、清理施工现场

施工完毕并自检合格后，应按《砌体结构工程施工规范》和施工现场“7S”管理标准清点、整理工具，收集剩余材料，归置物品，清理现场，拆除防护设施。

1. 查阅相关资料，描述砖柱成品保护要点。

____
____
____
____
____

2. 施工完毕后，应进行哪些清点和清理工作？

____

____

____

____

____

评价与分析

根据每个小组成员在本次学习活动中的表现填写学习活动评价表（见本书末附表）。

学习活动 5
砖柱砌筑过程控制与成品验收

学习目标

1. 能按照砖砌体作业质量要求，对砖柱砌筑进行过程控制，做好质量检查。

2. 能对照世赛标准，检查质量检查记录与图纸原始数据之间的误差，分析原因并形成记录。

3. 能与项目技术负责人有效沟通并将成品交付验收。

建议学时

4 学时。

学习过程

一、砖柱砌筑过程控制

施工过程中，对一些项目应随砌随检，同时，每个位置每天施工完毕后，还应对已完成的砌筑品进行自检。查阅相关资料，依据《砌体结构工程施工质量验收规范》，以小组为单位进行质量检查，并将检查情况记录在表 3-5-1 中。

表 3-5-1　　砖柱砌筑质量检查情况

项目名称		质量标准	抽检数量	权重 /%	评分
主控项目	砖强度等级				
	砂浆强度等级				

续表

项目名称		质量标准	抽检数量	权重 /%	评分
主控项目	斜槎留置				
	转角、交接处砌筑				
	直槎拉结钢筋及接槎处理				
	砂浆饱满度				
一般项目	轴线位移				
	每层及全高的墙面垂直度				
	组砌方式				
	水平灰缝厚度				
	竖向灰缝宽度				
	基础、墙、柱顶面标高				
	表面平整度				
	后塞口的门窗洞口尺寸				
	窗口偏移				
	水平灰缝平直度				
	清水墙游丁走缝				

二、检查误差并分析记录

对照世赛标准，检查质量检查记录与图纸原始数据之间的误差，分析原因并形成记录。

______

______

______

______

______

三、砖柱砌筑成品验收

1. 查阅《砌体结构工程施工质量验收规范》《世界技能标准规范》及施工图，明确砖柱成品验收项目及标准。各小组角色由施工方转变为监理方，交叉检查其他小组成品，并填写表 3-5-2。验收过程中与施工方进行沟通，明确问题所在，施工方填写验收意见。

表 3-5-2　　砖柱砌筑验收表

序号	验收项目	验收标准	验收意见	权重 /%	教师评分
1					
2					
3					
4					
5					
6					
7					
8					

2. 记录验收过程中存在的问题，分小组讨论解决问题的方法，并填入表 3-5-3 中。

表 3-5-3　　验收问题记录表

序号	验收中存在的问题	改进和完善措施	完成时间	备注
1				
2				
3				
4				
5				

3. 验收结束后，整理材料和工具，归还领用物品，并填写砖柱砌筑成品交付清单（见表 3-5-4）。

表 3-5-4　　砖柱砌筑成品交付清单

<table>
<tr><td>任务名称</td><td colspan="3"></td><td>接单日期</td><td></td></tr>
<tr><td>工作地点</td><td colspan="3"></td><td>交付日期</td><td></td></tr>
<tr><td rowspan="2">三方评价结果
（百分制）</td><td>自我评价</td><td>小组评价</td><td>项目负责人评价</td><td rowspan="2">验收结论
（百分制）</td><td rowspan="2"></td></tr>
<tr><td></td><td></td><td></td></tr>
</table>

材料及工具归还清单

序号	材料及工具名称	型号和规格	数量	备注
1				
2				
3				
4				
5				
6				
7				
8				

项目负责人（签名）： 年　月　日	团队负责人（签名）： 年　月　日

评价与分析

根据每个小组成员在本次学习活动中的表现填写学习活动评价表（见本书末附表）。

学习活动 6
砖柱砌筑工作总结评价

学习目标

1. 能按分组情况派代表展示工作成果，说明本任务的完成情况并分析总结。

2. 能正确核算成本。

3. 能对学习情况进行反思总结，正确、规范地撰写工作总结。

建议学时

4 学时。

学习过程

一、小组评价

以小组为单位，选择演示文稿、展板、海报、视频等一种或几种形式，向全班展示砖柱砌筑作业成果。在展示的过程中，以小组为单位进行评价。评价完成后，根据其他小组成员对本组展示成果的评价意见进行归纳总结。

二、教师评价

认真听取教师对本小组展示成果优缺点以及在完成任务过程中出现的亮点和不足的评价意见，并做好记录。

1. 教师对本小组展示成果优点的点评。

2. 教师对本小组展示成果缺点及改进方法的点评。

3. 教师对本小组在整个任务完成过程中出现的亮点和不足的点评。

三、核算成本

填写表 3-6-1，完成砖柱砌筑的成本核算，并与其他小组进行比较，成本最低者可加分。

表 3-6-1　　砖柱砌筑成本核算单

序号	材料名称	价格	购买渠道
1			
2			
3			
4			
5			

四、砖柱砌筑工作过程回顾及总结

1. 总结完成砖柱砌筑任务过程中遇到的问题和困难，列举 2 ～ 3 点你认为比较值得和其他同学分享的经验。

2. 回顾本学习任务的实施过程，对新学专业知识和技能进行归纳和整理，写一篇不少于 800 字的工作总结。

工 作 总 结

评价与分析

按照客观、公正和公平原则，在教师的指导下按自我评价、小组评价和教师评价三种方式对自己或他人在本学习任务中的表现进行综合评价，填写表 3-6-2。综合等级分为 A（90 ~ 100 分）、B（75 ~ 89 分）、C（60 ~ 74 分）、D（0 ~ 59 分）四个级别。

表 3-6-2　　学习任务综合评价表

评价项目	评价内容	分值	评价分数		
			自我评价	小组评价	教师评价
职业素养	劳动防护用品穿戴完备，仪容仪表符合工作要求	10			
	安全意识、责任意识、服从意识强	10			
	积极参加教学活动，按时完成各项学习任务	10			
	团队合作意识强，善于与人交流和沟通	5			
	自觉遵守劳动纪律，尊敬师长，团结同学	5			
	爱护公物，节约材料，施工现场符合“7S”管理标准	10			

续表

<table>
<tr><th rowspan="2">评价项目</th><th rowspan="2">评价内容</th><th rowspan="2">分值</th><th colspan="3">评价分数</th></tr>
<tr><th>自我评价</th><th>小组评价</th><th>教师评价</th></tr>
<tr><td rowspan="3">专业能力</td><td>专业知识扎实，有较强的自学能力</td><td>10</td><td></td><td></td><td></td></tr>
<tr><td>砌筑操作积极，训练刻苦，具有一定的动手能力</td><td>10</td><td></td><td></td><td></td></tr>
<tr><td>砌筑操作符合要求，认真选取原料，注重安全工艺，工作效率高</td><td>10</td><td></td><td></td><td></td></tr>
<tr><td rowspan="2">工作成果</td><td>砌筑工艺流程规范，砖柱符合施工要求</td><td>10</td><td></td><td></td><td></td></tr>
<tr><td>工作总结符合要求，砖柱砌筑质量高</td><td>10</td><td></td><td></td><td></td></tr>
<tr><td colspan="2">总分</td><td>100</td><td></td><td></td><td></td></tr>
<tr><td>总分数</td><td></td><td>综合等级</td><td></td><td colspan="2">教师（签名）：</td></tr>
</table>

注：总分数 = 自我评价分数 ×20% + 小组评价分数 ×20% + 教师评价分数 ×60%

学习任务四
艺术墙砌筑

学习目标

1. 能根据工作情境描述明确任务要求，填写艺术墙砌筑任务单。

2. 能识读建筑工程施工图。

3. 能正确选择砌筑材料。

4. 能分析艺术墙构造，口述组砌工艺要点、质量控制要点。

5. 能与小组成员进行有效沟通，共同制定艺术墙砌筑方案。

6. 能根据项目经理意见，对艺术墙砌筑方案进行修订，制作施工现场工作看板。

7. 能根据砌筑方案进行艺术墙砌筑。

8. 能对照世赛标准，检查质量检查记录与图纸原始数据之间的误差，分析原因并形成记录，提出整改措施。

9. 能正确填写艺术墙砌筑验收报告，并完成交付验收工作。

10. 能正确核算成本，在保证施工质量的前提下采取合理的采购方式。

11. 能按施工现场“7S”管理标准清理施工垃圾并整理现场。

建议学时

30 学时。

工作流程与活动

1. 获取艺术墙砌筑信息（2 学时）

2. 制定艺术墙砌筑方案（2 学时）

3. 审定艺术墙砌筑方案（2 学时）

4. 实施艺术墙砌筑方案（16 学时）

5. 艺术墙砌筑过程控制（4 学时）

6. 艺术墙砌筑工作总结评价（4 学时）

工作情境描述

某样板房项目设有电视背景艺术墙，现需要砌筑该艺术墙。

项目经理要求施工人员完成如下工作：

1. 从工程项目部领取施工图和任务单，阅读任务单，查看施工现场，了解施工地面条件，明确任务要求。

2. 查阅砌筑工艺文件，根据施工流程、内容和规范，确定艺术墙形式（包括高度和宽度、组砌方式、艺术图案、是否需要假缝及精度要求等），制定艺术墙砌筑方案。

3. 领取所需砌筑材料、工具、量具、切割机和其他设备，在规定的工期内进行砖块下料、放样、切割、砂浆拌制、砖块组砌，并进行自检和互检，砌筑精度不符合标准的须修正。

4. 实施勾缝等作业，完成艺术墙砌筑后形成记录，向工程项目部反馈。

5. 将所有技术文档上交项目经理。

学习活动 1
获取艺术墙砌筑信息

学习目标

1. 能根据工作情境描述明确任务要求，填写艺术墙砌筑任务单。
2. 能识读建筑工程施工图。
3. 能识别艺术墙的构造，并分析各部分施工要领。
4. 能识别艺术墙组砌方式，并根据艺术墙的组砌方式描述其工程量的计算方法。
5. 能根据施工现场“7S”管理标准描述艺术墙砌筑现场管理工作内容。

建议学时

2 学时。

学习过程

一、填写任务单

1. 独立阅读工作情境描述，用荧光笔画出关键词，将关键词记录在下面，并将其中需要进一步了解的词用星号标注出来。

____

____

____

____

____

2. 查阅相关资料，根据实际情况填写表 4-1-1。

表 4-1-1　　艺术墙砌筑任务单

任务名称				接单日期	
工作地点				任务周期	
工作内容					
工具、材料					
施工项目					
项目负责人姓名		联系电话		验收日期	
团队名称		团队负责人姓名		联系电话	
备注					

3. 图 4-1-1 为建筑工程施工图。查阅相关资料，将归属在“建筑施工图”和“结构施工图”下面的施工图名称填写在相应的空白处，并在表 4-1-2 中描述建筑工程施工图的识读方法或步骤。

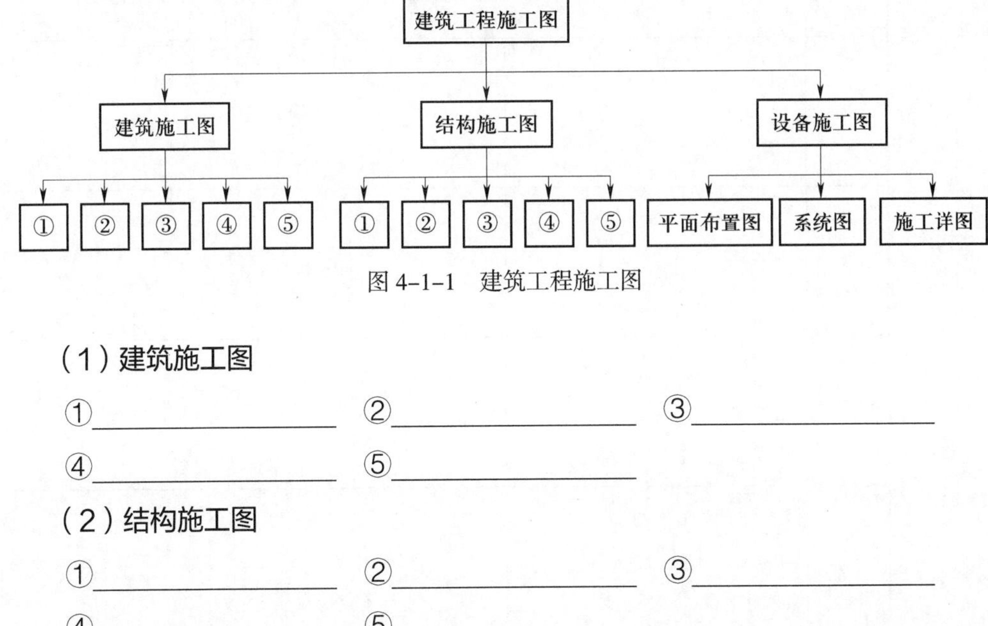

图 4-1-1　建筑工程施工图

（1）建筑施工图

①__________ ②__________ ③__________

④__________ ⑤__________

（2）结构施工图

①__________ ②__________ ③__________

④__________ ⑤__________

表 4-1-2　建筑工程施工图描述表

分类	施工图名称		识读方法或步骤
建筑施工图	①		
	②		
	③		
	④		
	⑤		
结构施工图	①		
	②		
	③		
	④		
	⑤		

二、认知艺术墙砌筑

1. 作为一名建筑施工专业的学生，你在日常生活中见过建筑物上哪些类型的艺术墙？表 4-1-3 列出了三种常见的建筑物艺术墙，请在教师的带领下，走进艺术墙施工现场，通过实地考察，从多个角度感受它们的不同。同时，查阅艺术墙砌筑相关资料，在表 4-1-3 中描述这三种艺术墙的主要特点及组砌方式。

表 4-1-3　　三种常见艺术墙的主要特点及组砌方式

图示	主要特点	组砌方式

2. 在艺术墙的质量检查中，客观项目的检查内容包括艺术墙尺寸及水平、墙面垂直度、墙面平整度、细部尺寸及水平，主观项目的检查内容包括选砖、缝隙均匀度、砂浆饱满度、场地整洁程度等。查阅相关资料，在表 4-1-4 中填写每个检查项目的质量标准、抽检数量和检查方法。

表 4-1-4　　艺术墙检查项目

标准编号	内容	质量标准	抽检数量	检查方法
A	尺寸			
B	水平			
C	垂直度			
D	平整度			
E	细部尺寸及水平			
F	连接及成品			

3. 查阅相关资料，写出砌筑砂浆的种类和应用范围。

____

____

____

____

____

三、实施施工现场“7S”管理

1. 查阅相关资料，说明艺术墙砌筑现场“7S”管理的标准，并填写在表 4-1-5 中。

表 4-1-5　　艺术墙砌筑现场“7S”管理标准

“7S”管理	标准
整理	
整顿	
清扫	
清洁	

续表

“7S”管理	标准
素养	
安全	
节约	

2. 根据所学的“7S”管理知识，以小组为单位，设计制作一个艺术墙砌筑流程看板。

评价与分析

根据每个小组成员在本次学习活动中的表现填写学习活动评价表（见本书末附表）。

学习活动 2
制定艺术墙砌筑方案

学习目标

1. 能识别砌块和砂浆种类，并填写常用砌筑材料一览表。
2. 能正确选取常用砌筑工具、量具。
3. 利用学习资料，与小组成员合作，制作艺术墙砌筑技术交底记录表。
4. 能合理分工，制定并展示艺术墙砌筑方案。

建议学时

2 学时。

学习过程

一、制定任务分工表

1. 讨论工作流程与技术要点

查阅相关资料，采用头脑风暴法开展小组讨论，列出艺术墙砌筑的主要工作流程、组砌原则、技术要点等。

____

____

____

____

____

2. 填写任务分工表

根据施工流程开展小组讨论，确定人员分工，并填写任务分工表（见表 4-2-1）。

表 4-2-1　　任务分工表

序号	姓名	任务	技术要点	完成时间	验收人

二、计算工程量

查阅资料，以小组为单位识读图纸，计算墙体长度、墙体高度、皮数、各色砖用量及工程量，填写表 4-2-2。

表 4-2-2　　艺术墙砌筑工程量计算表

<table>
<tr><td>墙体长度</td><td colspan="5"></td></tr>
<tr><td>墙体高度</td><td colspan="5"></td></tr>
<tr><td>皮数</td><td colspan="5"></td></tr>
<tr><td rowspan="2">各色砖用量</td><td>颜色</td><td></td><td></td><td></td><td></td></tr>
<tr><td>用量</td><td></td><td></td><td></td><td></td></tr>
<tr><td>工程量</td><td colspan="5"></td></tr>
</table>

三、制作艺术墙砌筑技术交底记录表

查阅相关资料，根据《砌体结构工程施工规范》，与小组成员合作，制作艺术墙砌筑技术交底记录表（见表 4-2-3）。交底内容包括材料要求、主要工具及量具、作业条件、操作工艺等。

四、制定艺术墙砌筑方案

1. 明确艺术墙砌筑的基本步骤。本任务的砌筑步骤如图 4-2-1 所示。

表 4-2-3　　技术交底记录表

编号：

工程名称		交底日期	
施工单位		分项工程名称	
交底摘要			

交底内容：

审核人		交底人		接受交底人	

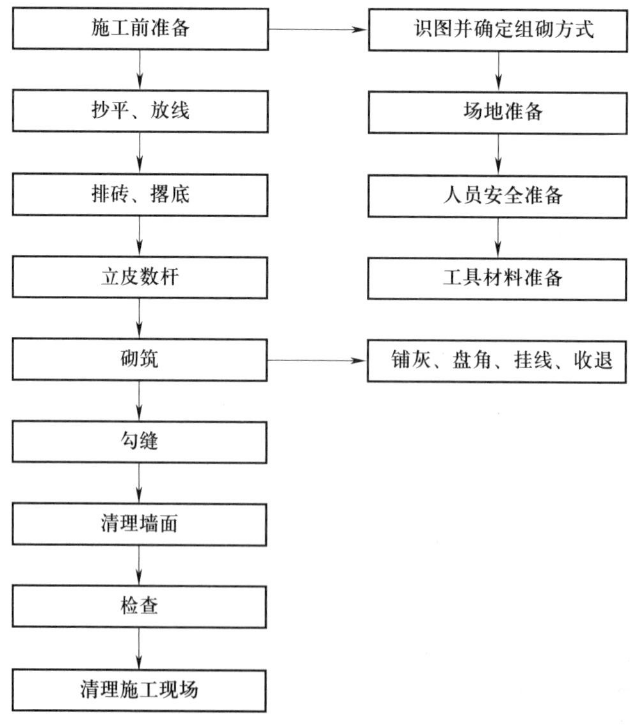

图 4-2-1　艺术墙砌筑的基本步骤

2. 根据上述步骤，分小组讨论艺术墙砌筑需要准备哪些材料和工具。将新接触的材料和工具列举出来，并简要说明它们的用途。

____

____

____

____

____

3. 在以上讨论中，对于需要使用的材料和工具，除要考虑选择合适类型外，还应考虑其规格、组砌方式要符合施工需要和相关标准的要求。根据本任务的情况，应该如何确定砖的规格及组砌方式？

____

____

____

____

____

4. 在施工中应特别注意根据现场实际情况设置必要的安全隔离防护设施，分小组讨论本任务中要用到哪些安全隔离防护设施。

____

____

____

____

____

5. 根据本组成员的不同特点进行合理分工，通过讨论，制定本小组的艺术墙砌筑方案，将最佳方案填入表 4-2-4 中。

表 4-2-4　　艺术墙砌筑方案

任务名称		工作起止日期		制定方案日期	
序号	施工步骤	工作内容	所需资料、材料及工具	负责人	参与人员
1	施工前准备				
2	抄平、放线				

续表

序号	施工步骤	工作内容	所需资料、材料及工具	负责人	参与人员
3	排砖、撂底				
4	立皮数杆				
5	砌筑				
6	勾缝				
7	清理墙面				
8	检查				

教师审核意见：

教师（签名）：　　　　　　　　　　决策人（签名）：

年　月　日　　　　　　　　　　年　月　日

6. 绘制场地平面布置图（补充绘制场地布置草图）。

场地平面布置图

7. 根据本任务要求，采用横道图方式编制施工进度计划表。

评价与分析

根据每个小组成员在本次学习活动中的表现填写学习活动评价表（见本书末附表）。

学习活动 3
审定艺术墙砌筑方案

学习目标

1. 能以小组为单位讨论已制定的砌筑方案并作出决策。
2. 能根据审核意见优化艺术墙砌筑方案。

建议学时

2 学时。

学习过程

一、第一次审定

教师对每个艺术墙砌筑方案进行第一次审定，并将修改意见填写在方案中。组长组织组员认真阅读，按照教师的意见修改方案，填入表 4-3-1 中。

表 4-3-1　　艺术墙砌筑方案（一审）

<table>
<tr><td>任务
名称</td><td colspan="2"></td><td>工作
起止日期</td><td></td><td>制定方案
日期</td><td></td></tr>
<tr><td>序号</td><td>施工步骤</td><td colspan="2">工作内容</td><td>所需资料、
材料及工具</td><td>负责人</td><td>参与人员</td></tr>
<tr><td>1</td><td>施工前准备</td><td colspan="2"></td><td></td><td></td><td></td></tr>
<tr><td>2</td><td>抄平、放线</td><td colspan="2"></td><td></td><td></td><td></td></tr>
<tr><td>3</td><td>排砖、撂底</td><td colspan="2"></td><td></td><td></td><td></td></tr>
</table>

续表

序号	施工步骤	工作内容	所需资料、材料及工具	负责人	参与人员
4	立皮数杆				
5	砌筑				
6	勾缝				
7	清理墙面				
8	检查				

教师审核意见：

教师（签名）：　　　　　　　　　　决策人（签名）：

年　月　日　　　　　　　　　　年　月　日

二、第二次审定

教师再次对各小组提交的修改方案进行审定。若修改方案可行，即确定为可实施方案。若仍然存在问题，则教师将修改意见填写在方案中。组长组织组员认真阅读，按照教师的第二次审核意见修改方案，填入表 4-3-2 中。

表 4-3-2　　艺术墙砌筑方案（二审）

任务名称		工作起止日期		制定方案日期	
序号	**施工步骤**	**工作内容**	**所需资料、材料及工具**	**负责人**	**参与人员**
1	施工前准备				
2	抄平、放线				
3	排砖、撂底				
4	立皮数杆				
5	砌筑				
6	勾缝				

续表

序号	施工步骤	工作内容	所需资料、材料及工具	负责人	参与人员
7	清理墙面				
8	检查				

教师审核意见：

教师（签名）：　　　　　　　　　　　　决策人（签名）：

年　月　日　　　　　　　　　　　　年　月　日

三、第三次审定

教师对各小组提交的第二次修改方案进行审定，确定为可实施方案，填入表 4-3-3 中。

表 4-3-3　艺术墙砌筑方案（定稿）

任务名称		工作起止日期		制定方案日期	
序号	施工步骤	工作内容	所需资料、材料及工具	负责人	参与人员
1	施工前准备				
2	抄平、放线				
3	排砖、撂底				
4	立皮数杆				
5	砌筑				
6	勾缝				
7	清理墙面				
8	检查				

教师审核意见：

教师（签名）：　　　　　　　　　　　　决策人（签名）：

年　月　日　　　　　　　　　　　　年　月　日

评价与分析

根据每个小组成员在本次学习活动中的表现填写学习活动评价表（见本书末附表）。

学习活动 4 实施艺术墙砌筑方案

学习目标

1. 能按照作业规范设置必要的安全隔离防护设施和安全标志。

2. 能根据施工图要求正确填写砌筑材料和工具清单，并能按仓库管理要求以小组为单位领料。

3. 能正确使用砌筑工具，按照工艺要求进行艺术墙砌筑。

4. 能按照《砌体结构工程施工规范》和施工现场“7S”管理标准，在作业完毕后清点、整理工具，收集剩余材料，归置物品，清理施工垃圾，拆除防护设施。

建议学时

16 学时。

学习过程

一、施工前准备

1. 识图并确定组砌方式

根据图纸，写出该工程墙体的组砌方式。

____

2. 场地准备

设置必要的安全隔离防护设施和安全标志，清理影响施工的杂物，并将安全隔离防护设施和安全标志设置情况记录在表 4-4-1 中。

表 4-4-1　　安全隔离防护设施和安全标志设置情况

安全隔离防护设施和安全标志	位置	目的

3. 人员安全准备

各组成员按世赛标准穿戴劳动防护用品，由各组组长对组员打分并评判组员劳动防护用品是否已经正确穿戴或使用。教师结合世赛关于劳动防护用品的使用要求对每个小组进行评价，填写表 4-4-2。各个小组根据该表进行统一整改。

表 4-4-2　　劳动防护用品穿戴情况评分表

小组＿＿＿＿＿　　指导教师＿＿＿＿＿

项目	评分标准		得分	整改意见
试题得分	少于 60 分	0		
	60 ~ 70 分	1		
	71 ~ 80 分	2		
	81 ~ 90 分	3		
	91 ~ 100 分	4		
安全帽	不合格	0		
	合格	1		
安全鞋	不合格	0		
	合格	1		

续表

项目	评分标准		得分	整改意见
安全服饰	不合格	0		
	合格	1		
手套	不合格	0		
	合格	1		
护目镜	不合格	0		
	合格	1		
口罩	不合格	0		
	合格	1		

4. 材料及工具准备

（1）查阅施工图，填写1：1放样量表（见表4-4-3）。

表4-4-3　　1：1放样量表

序号	需切割砖尺寸	数量	颜色	备注
1				
2				
3				
4				
5				
6				
7				
8				
9				
10				
需切割砖总量（块）				

（2）查阅施工图，用油性记号笔和三角板在标准砖上画出1 ∶ 1的图案。对于本任务中图案复杂的图纸，应如何进行放样，提高效率？

____

____

____

____

____

（3）在施工前，回顾艺术墙砌筑的基本步骤与施工图，填写辅助材料与工具领用表（见表 4-4-4），以小组为单位，按仓库管理要求领用所需辅助材料与工具。

表 4-4-4　　　　辅助材料与工具领用表

序号	辅助材料或工具名称	单位	数量	备注
1				
2				
3				
4				
5				
6				
7				
8				
9				
10				
11				
12				
13				
14				
15				

（4）在艺术墙砌筑过程中，配置砌筑机具时要注意哪些事项？

____

____

____

____

____

（5）利用搅拌机对石灰、砂浆进行搅拌，备用。

（6）根据放样，用带水切割机对砖块进行切割。

二、砌筑施工

1. 抄平、放线

查阅相关资料，写出基层清理、找平的操作要点。

____

____

____

____

____

2. 排砖、撂底

查阅相关资料，写出排砖、撂底时需要完成哪些工作？

____

____

____

____

____

3. 立皮数杆

查阅相关资料，写出砌筑施工中立皮数杆的操作方法。

____

____

____

4. 砌筑

通过小组讨论及查阅相关资料，补齐表 4-4-5 中重要施工步骤的操作注意事项。

表 4-4-5　　　　艺术墙施工操作

操作内容	操作注意事项
主体部分砌筑	
花饰部分砌筑	

5. 勾缝

根据施工图，利用勾缝刀对艺术墙进行勾缝。查阅相关资料，列举墙体缝隙的类别，以及勾缝过程中的注意事项。

6. 清理墙面

根据《世界技能标准规范》写出艺术墙墙面清理的方法和注意事项。

____

____

____

三、检查

砌筑时要随砌随检并做好成品保护。

四、清理施工现场

每个位置每天施工完毕后，若自检合格，则按《砌体结构工程施工规范》和施工现场“7S”管理标准，清点、整理工具，收集剩余材料，归置物品，清理施工垃圾，拆除防护设施。

1. 查阅相关资料，回顾施工过程，简述本任务中哪些环节属于施工现场“7S”管理的范畴。

____

____

____

____

____

2. 施工完毕后，拆除安全隔离防护设施的顺序是什么?

____

____

____

____

____

3. 施工完毕后，应进行哪些清点和清理工作?

____

____

____

____

____

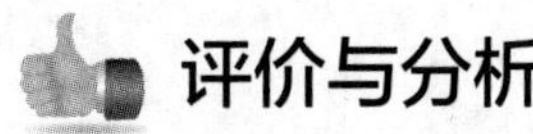

评价与分析

根据每个小组成员在本次学习活动中的表现填写学习活动评价表（见本书末附表）。

学习活动 5
艺术墙砌筑过程控制与成品验收

学习目标

1. 能按照艺术墙砌体作业质量要求，对艺术墙砌筑进行过程控制，做好质量检查。

2. 能对照世赛标准，检查质量检查记录与图纸原始数据之间的误差，分析原因并形成记录。

建议学时

4 学时。

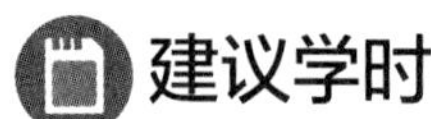

学习过程

一、艺术墙砌筑过程控制

施工过程中，对一些项目应随砌随检，同时，每个位置每天施工完毕后，还应对已完成的砌筑品进行自检。查阅相关资料及相关规范，以小组为单位进行质量检查并打分，记录在表 4-5-1 中。

表 4-5-1　　艺术墙砌筑质量检查表

检查项目	编号	要求或公称尺寸	评分标准	最大分值	实测值	得分
尺寸	1.1	2 000 mm	每 1 mm 误差扣 1 分	5		
	1.2	2 000 mm	每 1 mm 误差扣 1 分	5		
	1.3	2 000 mm	每 1 mm 误差扣 1 分	5		
	1.4	2 000 mm	每 1 mm 误差扣 1 分	5		
水平	2.1	0 mm	每 1 mm 误差扣 1 分	5		
	2.2	0 mm	每 1 mm 误差扣 1 分	5		
垂直度	3.1	0 mm	每 1 mm 误差扣 1 分	5		
	3.2	0 mm	每 1 mm 误差扣 1 分	5		
	3.3	0 mm	每 1 mm 误差扣 1 分	5		
	3.4	0 mm	每 1 mm 误差扣 1 分	5		
平整度	4.1	0 mm	每 1 mm 误差扣 0.5 分	2.5		
	4.2	0 mm	每 1 mm 误差扣 0.5 分	2.5		
	4.3	0 mm	每 1 mm 误差扣 0.5 分	2.5		
	4.4	0 mm	每 1 mm 误差扣 0.5 分	2.5		
细部尺寸及水平	5.1	300 mm	每 1 mm 误差扣 1 分	5		
	5.2	300 mm	每 1 mm 误差扣 1 分	5		
	5.3	300 mm	每 1 mm 误差扣 1 分	5		
	5.4	300 mm	每 1 mm 误差扣 1 分	5		
连接及成品	6.1	凹缝无深达 5 mm 以上的孔洞，所有成品边缘光滑干净	若有深达 5 mm 以上的孔洞每个扣 0.5 分，若成品边缘有缺口或波浪口每处扣 0.5 分，扣完为止	3		

续表

检查项目	编号	要求或公称尺寸	评分标准	最大分值	实测值	得分
连接及成品	6.2	灰缝砂浆饱满	灰缝砂浆饱满度应达到 80% 以上，每处未达标扣 1 分，扣完为止	3		
	6.3	按图中标示的组砌方式正确操作	未按图中标示的组砌方式操作者不得分	3		
	6.4	切割线平直，无缺口	若切割线有大于 1 cm 的缺口，每处扣 0.5 分，扣完为止	3		
	6.5	水平灰缝厚度和竖向灰缝宽度符合要求，不游丁走缝，抹灰面平整光洁	若灰缝厚度或宽度小于 8 mm 或大于 12 mm，每处扣 0.5 分，扣完为止	3		
	6.6	成品外观及工位清洁	成品表面无污痕、污迹，表面碎片已清除，工位无污痕、污迹，无废料堆积，得 5 分 成品表面有少量污痕、污迹、碎片，工位有少量污痕、污迹、废料，合计不多于 4 处，得 3 分 成品表面有污痕、污迹、碎片，工位有污痕、污迹、废料，合计不多于 8 处，得 1 分 成品表面未清理或有大量污痕、污迹、碎片，工位未清理，废料未清理，得 0 分	5		
合计						

二、检查误差并分析记录

对照世赛标准，检查质量检查记录与图纸原始数据之间的误差，分析原因并形成记录。

三、艺术墙砌筑成品验收

1. 完成施工后，根据《世界技能标准规范》，结合艺术墙砌筑任务单，将成品交付验收人，由其按表 4-5-2 所列验收标准进行验收，并填写验收意见。

表 4-5-2　　艺术墙砌筑验收表

序号	验收项目	验收标准	验收意见	权重 /%	教师评分
1					
2					
3					
4					
5					
6					
7					
8					

2. 记录验收过程中存在的问题，分小组讨论解决问题的方法，并填入表 4-5-3 中。

表 4-5-3　　验收问题记录表

序号	验收中存在的问题	改进和完善措施	完成时间	备注
1				
2				

续表

序号	验收中存在的问题	改进和完善措施	完成时间	备注
3				
4				
5				

3. 验收结束后，整理材料和工具，归还领用物品，并填写艺术墙砌筑成品交付清单（见表 4-5-4）。

表 4-5-4　　艺术墙砌筑成品交付清单

<table>
<tr><td>任务名称</td><td colspan="3"></td><td>接单日期</td><td></td></tr>
<tr><td>工作地点</td><td colspan="3"></td><td>交付日期</td><td></td></tr>
<tr><td rowspan="2">三方评价结果
（百分制）</td><td>自我评价</td><td>小组评价</td><td>项目负责人评价</td><td rowspan="2">验收结论
（百分制）</td><td rowspan="2"></td></tr>
<tr><td></td><td></td><td></td></tr>
</table>

材料及工具归还清单

<table>
<tr><th>序号</th><th>材料及工具名称</th><th>型号和规格</th><th>数量</th><th>备注</th></tr>
<tr><td>1</td><td></td><td></td><td></td><td></td></tr>
<tr><td>2</td><td></td><td></td><td></td><td></td></tr>
<tr><td>3</td><td></td><td></td><td></td><td></td></tr>
<tr><td>4</td><td></td><td></td><td></td><td></td></tr>
<tr><td>5</td><td></td><td></td><td></td><td></td></tr>
<tr><td>6</td><td></td><td></td><td></td><td></td></tr>
<tr><td>7</td><td></td><td></td><td></td><td></td></tr>
<tr><td>8</td><td></td><td></td><td></td><td></td></tr>
<tr><td colspan="2">项目负责人（签名）：

年　月　日</td><td colspan="3">团队负责人（签名）：

年　月　日</td></tr>
</table>

评价与分析

根据每个小组成员在本次学习活动中的表现填写学习活动评价表（见本书末附表）。

学习活动 6
艺术墙砌筑工作总结评价

学习目标

1. 能按分组情况派代表展示工作成果，说明本任务的完成情况并分析总结。
2. 能正确核算成本。
3. 能结合任务完成情况，正确、规范地撰写工作总结。
4. 能对学习情况进行反思总结，并与他人开展良好合作，进行有效沟通。

建议学时

4 学时。

学习过程

一、小组评价

以小组为单位，选择演示文稿、展板、海报、视频等一种或几种形式，向全班展示艺术墙砌筑作业成果。在展示的过程中，以小组为单位进行评价。评价完成后，根据其他小组成员对本组展示成果的评价意见进行归纳总结。

二、教师评价

认真听取教师对本小组展示成果优缺点以及在完成任务过程中出现的亮点和不足的评价意见，并做好记录。

1. 教师对本小组展示成果优点的点评。

____

____

____

____

____

2. 教师对本小组展示成果缺点及改进方法的点评。

____

____

____

____

____

3. 教师对本小组在整个任务完成过程中出现的亮点和不足的点评。

____

____

____

____

____

三、核算成本

填写表 4-6-1，完成艺术墙砌筑的成本核算，并与其他小组进行比较，成本最低者可加分。

表 4-6-1　　艺术墙砌筑成本核算单

序号	材料名称	价格	购买渠道
1			
2			
3			
4			
5			

四、艺术墙砌筑工作过程回顾及总结

1. 总结完成艺术墙砌筑任务过程中遇到的问题和困难，列举 2 ~ 3 点你认为比较值得和其他同学分享的工作经验。

2. 回顾本学习任务的操作过程，对新学专业知识和技能进行归纳和整理，写一篇不少于 800 字的工作总结。

工 作 总 结

评价与分析

按照客观、公正和公平原则，在教师的指导下按自我评价、小组评价和教师评价三种方式对自己或他人在本学习任务中的表现进行综合评价，填写表 4-6-2。综合等级分为 A（90 ~ 100 分）、B（75 ~ 89 分）、C（60 ~ 74 分）、D（0 ~ 59 分）四个级别。

表 4-6-2　　学习任务综合评价表

评价项目	评价内容	分值	评价分数		
			自我评价	小组评价	教师评价
职业素养	劳动防护用品穿戴完备，仪容仪表符合工作要求	10			
	安全意识、责任意识、服从意识强	10			
	积极参加教学活动，按时完成各项学习任务	10			
	团队合作意识强，善于与人交流和沟通	5			

续表

评价项目	评价内容	分值	评价分数		
			自我评价	小组评价	教师评价
职业素养	自觉遵守劳动纪律，尊敬师长，团结同学	5			
	爱护公物，节约材料，施工现场符合“7S”管理标准	10			
专业能力	专业知识扎实，有较强的自学能力	10			
	砌筑操作积极，训练刻苦，具有一定的动手能力	10			
	砌筑操作符合要求，认真选取原料，注重安全工艺，工作效率高	10			
工作成果	砌筑工艺流程规范，艺术墙符合施工要求	10			
	工作总结符合要求，艺术墙砌筑质量高	10			
总分		100			
总分数		综合等级		教师（签名）：	

注：总分数 = 自我评价分数 ×20% + 小组评价分数 ×20% + 教师评价分数 ×60%

附表

学习活动评价表

班级：　　姓名：　　学号：　　日期：

序号	评价项目	评价标准	学生自我评价结果				小组评价结果				教师评价结果			
			A	B	C	D	A	B	C	D	A	B	C	D
1	预习准备情况	①完成　②大部分完成 ③大部分未做　④未做												
2	资料收集水平	①好　②较好 ③一般　④差												
3	与教师、同学沟通情况	①好　②较好　③一般 ④存在较大的问题												
4	与同学协作情况	①好　②较好　③一般 ④存在较大的问题												
5	工作主动性	①好　②较好 ③一般　④差												
6	工作态度	①认真　②较认真 ③应付　④差												
7	技术方法运用情况	①好　②较好　③一般 ④存在较大的问题												
8	任务是否完成	①较快完成　②完成 ③大部分完成 ④大部分未完成												
9	“7S”管理执行情况	①好　②较好　③一般 ④存在较大的问题												
10	创新情况	①好　②较好 ③一般　④无												
等级		A（7 个以上 A，无 D）	B（4 个以上 A，无 D）				C（3 个以内 D）				D（6 个以上 D）			
备注		每项评价标准中，4 个选项分别对应 A、B、C、D。学生、小组和教师根据每项评价标准，分别在相应栏中勾选 A、B、C、D